"十四五"职业教育国家规划教材

数字印刷技术

姚瑞玲　主编

Digital
Printing
Technology

化学工业出版社
·北京·

内容简介

本教材以行业对高技能人才、大国工匠的培养需求为出发点，以典型工作任务为载体，以学生为中心，根据典型产品的数字印刷任务和工作过程设计教材体系和内容，力求实现理论教学与实践教学相结合，以使学生有重点且高效地掌握目前已经商业化的数字印刷技术。全书共五个项目。项目一主要是认识数字印刷，通过五个任务，熟悉数字印刷的整个工艺流程；项目二和项目三均为典型产品的数字印刷，通过五个任务，使学生熟练掌握黑白印品、彩色印品的印刷工艺及操作；项目四在前文的基础上，教授包装印品的数字印刷，包括箱盒、标签的数字印刷；项目五主要针对目前数字化、智能化、个性化的发展要求，基于数字信息处理技术的发展，讨论个性化定制印刷、按需印刷，引导学生对专业发展进行思考。本教材有利于深入浅出地开展教学，实现教与学的互动讨论，既注重实践操作，又针对实践操作中的问题给出理论解答，引导学生自我学习、自我实践。本教材配有丰富的课程资源，包括课件、实训活页、微视频、动画、题库等，可登录中国大学MOOC或智慧职教平台，搜索本课程名称"数字印刷技术"，自行下载相关资源或在线学习。同时，为了便于学生更直观地学习，教材中针对相关任务制作了企业案例视频，可扫微信码学习。

本教材可供印刷媒体技术、包装策划与设计、数字图文信息技术、数字印刷、广告设计等专业的学生使用，也可供相关领域专业人员参考。

图书在版编目（CIP）数据

数字印刷技术/姚瑞玲主编．—北京：化学工业出版社，2020.9（2025.2重印）

绿色印刷项目式教材

ISBN 978-7-122-37634-3

Ⅰ.①数… Ⅱ.①姚… Ⅲ.①数字印刷-高等职业教育-教材 Ⅳ.①TS805.4

中国版本图书馆CIP数据核字（2020）第161022号

责任编辑：张　阳　　　　　　　　　　　　装帧设计：王晓宇
责任校对：宋　夏

出版发行：化学工业出版社（北京市东城区青年湖南街13号　邮政编码100011）
印　　装：北京瑞禾彩色印刷有限公司
787mm×1092mm　1/16　印张11　字数268千字　2025年2月北京第1版第6次印刷

购书咨询：010-64518888　　　　　　　　售后服务：010-64518899
网　　址：http://www.cip.com.cn

凡购买本书，如有缺损质量问题，本社销售中心负责调换。

定　　价：65.00元　　　　　　　　　　　　　　　　　　　版权所有　违者必究

《数字印刷技术》编写人员

主　　编　　姚瑞玲

副 主 编　　张永鹤　余　勇　付文亭　黄文均　毛宏萍

编写人员　　姚瑞玲（四川工商职业技术学院）
　　　　　　张永鹤（四川工商职业技术学院）
　　　　　　余　勇（四川工商职业技术学院）
　　　　　　付文亭（中山火炬职业技术学院）
　　　　　　黄文均（四川工商职业技术学院）
　　　　　　毛宏萍（四川工商职业技术学院）
　　　　　　高巧侠（重庆商务职业学院）
　　　　　　余林芝（成都汇彩设计印务有限公司）
　　　　　　邹联书（四川省湘印天下数字印刷有限公司）

主　　审　　刘激扬【永发印务（四川）有限公司】

前言

为适应高职教育的发展,全面贯彻"学中做、做中学""以服务为宗旨,以就业为导向"的职业教育思想,从封闭的学校教育走向开放的社会教育,积极落实教育部《高等学校课程思政建设指导纲要》,全方位推进课程思政、习近平思想进课堂,切实践行"以人为本,全面发展"的教育理念,本教材的编写采用院校教师和企业高级技术人员共同参与完成的方式,在提升学生技能的同时,强化其理想信念和职业道德。"数字印刷技术"这门课要求学生掌握的知识系统复杂,课堂上理论性知识的讲授不再是有效的教学手段,因此我们有意识地将企业真实的生产案例引入课堂,以项目化形式指导学生实践。

教材根据专业人才培养目标和学生特点,有针对性地对教学内容进行了整合和梳理,充分体现了高职教育的特点。具体内容设置如下:项目一认识数字印刷,从数码印刷施工单、印前制作、版式设计、色彩管理、印后加工等方面进行叙述,结合实际生产实践项目所需,巩固理论知识,夯实操作能力;项目二为黑白印品印刷工艺及操作,主要是以DM单单面打印、期末试卷的双面输出为任务;项目三彩色印品数字印刷工艺及操作,是以彩色印刷品为输出载体,相比项目二,项目三在知识结构和实践操作的复杂程度方面都有所加强,旨在使学生由浅入深地了解、熟悉并最终熟练掌握数码印刷机操作、维护和保养的规范;项目四包装数字印刷工艺及操作,主要以包装箱盒和包装标签为输出载体,完成数码打样任务;项目五为特色印刷,项目的载体选择的是个性化的婚礼请柬及伴手礼和线上平台的按需印刷,陈述了未来数码印刷应用领域的发展,以增强学生学习的信心,并将互联网思维与数码印刷技术整合,拓展思路、创新发展。整个教学内容完整详细,教学内容由简单到复杂、由浅入深,符合学生的学习规律。另外,书中教学载体典型,所用案例均来自企业,可操作性强,可为学生全面学习提供了坚实的理论和实践指导。本教材配有丰富的课程资源，包括课件、微视频、实训活页、动画、题库等，可扫书中二维码或登录中国大学MOOC、智慧职教平台，搜索本课程名称"数字印刷技术"，找到相关资源在线或自行下载学习。书后的实训活页配套相关学习载体，可登录化学工业出版社教学资源网下载使用。

本书项目一任务一、任务二由四川工商职业技术学院毛宏萍编写，任务三由四川工商职业技术学院黄文均编写，任务四由四川省湘印天下数字印刷有限公司邹联书编写，任务五由重庆商务职业学院高巧侠编写，项目二、项目三由四川工商职业技术学院姚瑞玲编写，项目四任务一由四川工商职业技术学院张永鹤编写，项目五任务一由四川工商职业技术学院余勇编写，项目四任务二由成都汇彩印务有限公司余林芝编写，项目五任务二由中山火炬职业技术学院付文亭编写。全书由姚瑞玲统稿，由永发印务（四川）有限公司刘激扬主审。

本书在编写过程中参考了大量的印刷行业前辈和教育同仁所撰写的专业书籍、专业论文，同时得到了四川工商职业技术学院、中山火炬职业技术学院、重庆商务职业学院相关专家的精心指导，以及成都汇彩设计印务有限公司、四川省湘印天下数字印刷有限公司、永发印务（四川）有限公司的大力支持，在此向他们表示感谢。数字印刷技术涉及的学科和范围很广，书中难免出现疏漏和不妥之处，恳请各位专家和读者批评指正。

编　者

2020年7月于成都

目录

项目一 认识数字印刷

任务一 熟悉数字印刷工艺流程及操作 /002
任务实施 数字印刷施工单识读 /002
任务知识 /003
一、数字印刷工艺流程 /003
二、数字印刷施工单及构成 /004
问题思考 /005
能力训练 /005

任务二 数字印刷印前准备 /006
任务实施 折页印前制作与输出 /006
任务知识 图文信息获取及编辑 /007
问题思考 /018
能力训练 /018

任务三 色彩管理 /018
任务实施
一、输入设备校准及特性化 /018
二、显示设备校准及特性化 /020
三、输出设备校准及特性化 /024
任务知识 /030
一、颜色管理 /030
二、ICC特性文件 /032
问题思考 /034
能力训练 /034

任务四 开始数字印刷 /035
任务实施 JDF数字化工作流程管理 /035

任务知识 /038
一、静电成像数字印刷技术 /038
二、喷墨成像数字印刷技术 /046
三、其他方式数字印刷 /051
四、印刷质量控制与检测评价 /060
问题思考 /064
能力训练 /065

任务五 数字印刷印后加工 /066
任务实施 校刊胶装装订 /066
任务知识 数字印刷与印后加工联动系统 /066
问题思考 /070
能力训练 /070

项目二 黑白印品印刷工艺及操作

任务一 黑白印品单面输出 /072
任务实施 黑白印品单面印刷 /072
问题思考 /072
能力训练 /073

任务二 黑白印品双面输出 /073
任务实施 /073
一、黑白印品手动双面印刷 /073
二、考试试卷的印刷 /074
问题思考 /076
能力训练 /076

项目三
彩色印品数字印刷工艺及操作

任务一　DM单数字印刷　　　　　　　　/078
　　任务实施　　　　　　　　　　　　　/078
　　一、DM单单面输出　　　　　　　　　/078
　　二、DM单双面输出　　　　　　　　　/081
　　任务知识　双面调整　　　　　　　　/087
　　问题思考　　　　　　　　　　　　　/095
　　能力训练　　　　　　　　　　　　　/095

任务二　照片书数字印刷　　　　　　　/096
　　任务实施　照片书印刷　　　　　　　/096
　　任务知识　　　　　　　　　　　　　/102
　　一、影像采集　　　　　　　　　　　/102
　　二、后期精修　　　　　　　　　　　/105
　　三、精装　　　　　　　　　　　　　/108
　　四、精装书质量检测　　　　　　　　/110
　　问题思考　　　　　　　　　　　　　/113
　　能力训练　　　　　　　　　　　　　/113

任务三　彩色书刊数字印刷　　　　　　/114
　　任务实施　书刊内页输出　　　　　　/114
　　任务知识　　　　　　　　　　　　　/119
　　一、拼版　　　　　　　　　　　　　/119
　　二、爬移控制　　　　　　　　　　　/122
　　三、数字印刷质量检测与控制　　　　/124
　　问题思考　　　　　　　　　　　　　/127
　　能力训练　　　　　　　　　　　　　/127

项目四
包装数字印刷工艺及操作

任务一　箱盒数字印刷　　　　　　　　/130
　　任务实施　折叠纸盒数字印刷　　　　/130
　　任务知识　数字印后装饰工艺　　　　/136
　　问题思考　　　　　　　　　　　　　/138

　　能力训练　　　　　　　　　　　　　/138

任务二　标签数字印刷　　　　　　　　/138
　　任务实施　不干胶标签印刷　　　　　/138
　　任务知识　　　　　　　　　　　　　/146
　　一、可变数据印刷　　　　　　　　　/146
　　二、标签数码印刷机保养及排障　　　/151
　　三、数码烫金　　　　　　　　　　　/153
　　问题思考　　　　　　　　　　　　　/154
　　能力训练　　　　　　　　　　　　　/154

项目五
特色印刷

任务一　个性化定制印刷　　　　　　　/156
　　任务实施　婚礼请柬及伴手礼的
　　　　　　　设计制作　　　　　　　　/156
　　任务知识　艺术品个性化包装设计　　/158
　　问题思考　　　　　　　　　　　　　/161
　　能力训练　　　　　　　　　　　　　/161

任务二　按需印刷　　　　　　　　　　/161
　　任务实施　印通天下在线设计印刷　　/161
　　任务知识　按需印刷的概念及其影响　/163
　　问题思考　　　　　　　　　　　　　/165
　　能力训练　　　　　　　　　　　　　/165

附录

　　附录一　不干胶标签质量传统
　　　　　　检验标准　　　　　　　　　/166
　　附录二　不干胶标签质量自动
　　　　　　检验标准　　　　　　　　　/166

参考文献

项目一
认识数字印刷

项目教学目标

熟练掌握数码印刷施工单的构成元素，使用ERP软件完成一个施工单的开制。

素质目标

培养学生学习科学伦理、追求真理的意识；
培养学生对我国传统印刷文化的自信。

知识目标

掌握数字印刷常见工艺流程；
掌握数字印刷印前设计要求；
熟悉数字印刷技术分类及工作原理；
初步了解数字印刷前端软件操作规范。

技能目标

掌握胶印施工单与数码施工单的区别；
会对数码印刷机进行色彩管理；
会对显示器进行色彩管理；
会对扫描仪进行色彩管理；
掌握数字印刷印后加工节能减排策略。

目前，数字印刷以其高效化、绿色化、个性化的优势脱颖而出，已经涵盖图文打印、商业短板、影像输出、艺术品复制、按需出版等多领域。数字印刷企业中既有专营数字印刷的企业，也包含涉足数字印刷业务的传统印企。这些企业经营模式多样，如单店、连锁店等，有线上线下同步发展的印企，还有典型O2O模式扩张的网络印企，更有轻资产门店或仅用于产品展示的数字印刷体验店。

中国印刷数字化的进程以及数字印刷技术水平每一年都在向前迈步，这个过程从"纵""横""新"三方面展开。"纵"，是指数字技术在印刷垂直行业内的不断开拓融合；"横"，是指数字印刷从印刷领域逐渐向其他领域的扩展，如快消、装饰等，推动数字印刷的应用建设；"新"，指的是在"纵""横"交汇融合中带来的创新。

任务一 熟悉数字印刷工艺流程及操作

任务实施 数字印刷施工单识读

1. 任务解读

熟悉数字印刷施工单及构成。表1-1为某DM单印刷生产施工单。

表1-1 DM单印刷生产施工单

工单号：		订单状态：正常/加急						开单日期：	
客户名称	××公司	联系人	张××		电话	137****8678		交货日期	2019年1月2日
产品名称	房地产宣传单		稿件类别					装订方式	单张
成品尺寸	285mm×420mm	展开尺寸	297mm×440mm		印张数	200	P数	委印数量	@2500
印刷	部件	纸张品牌/克重	颜色		纸张来源	纸张规格	开料尺寸	开数	印刷机	裁纸数量	领纸数
		157g/m²	彩色		库存	885mm×595mm		A0	柯尼卡美能达	625	700
备注	印刷	数码	组合						
	开单		审核				开单时间		
	加工要求	装订			烫金		UV	压凹凸	
	送货地址						工价		
重要说明	开票说明	××公司			税号		账号	其它	

2. 设备、材料及工具准备

设备及工具：柯尼卡美能达数码印刷机、裁纸机、直尺。

材料：全开纸张、单色产品印刷施工单、传统胶印施工单（对比学习）。

3. 课堂组织

分组进行施工单的阅读，每位同学都必须熟悉数码印刷施工单常见构成，并能够说出与传统胶印施工单相比，有什么区别。

4. 操作步骤

① 首先了解设备交接情况，做好记录；

② 领取并阅读施工单，掌握本次生产情况，做好工作任务分解；

③ 分配工作任务，做好印前准备工作。

施工单在业务员开单之后即进入生产流程进行施工，具体过程为：开单→审核→生产计划→印刷→检验→后道→送货→核价→开票→存档→发料、开料。经生产计划分流后，施工单进入印刷程序，料单进入纸库发料、开料程序，因此，当改动施工单供纸数量或开切尺寸时，必须用复写纸把施工单与料单一起更改，否则将使两单不一致，造成纸张浪费或产品数量溢缺。由于施工单在核价开票结束后按顺序号入档，故不得发生缺号现象。如发生施工单开错或客户止印，必须全份作废，施工单、料单一起注明作废后，交销号员注销作废后入档，不得私自销毁处理。

以表1-1所示施工单为例，进行施工单开具方法的讲解，要求学生阅读施工单并准确掌握施工单信息，进入预开工单流程，后由教师审核。

任务知识

一、数字印刷工艺流程

一个印刷成品的完成，无论采用哪种印刷方式，都要经过原稿图文元素的选择、设计、制作，印刷，印后加工等过程。数码印刷工艺流程如图1-1所示。相对于传统胶印，数码印刷流程中省去了制版、修版、安装调试印版和橡皮布、油墨调配等过程。数码印刷工艺简单，印前要充分做好准备工作，包括数码稿件的制作、文档的格式化、拼版的规范化、印刷施工单的制作等。

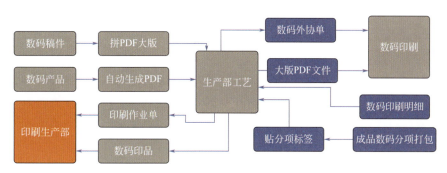

图1-1 数码印刷工艺流程图

二、数字印刷施工单及构成

当企业承接业务后,为了把客户的要求完整地表述给各生产工序,使各生产工序明白生产全过程直至最后结算各项费用,在产品施工前,必须开具"产品施工单"。各生产工序要严格按施工单进行施工,施工单就是总经理下达的生产命令单。为确保施工命令的严肃性、正确性,业务员首先要了解客户对产品的全部要求,包括选用的纸张、墨色、成品标准、送货地址、联系方式等,均应正确无误地填写清晰,方便生产全过程的实现。

根据施工单格式顺序逐项填写,表首部分分别填写来稿日期(即开单日期)、交货日期(应根据客户要求,结合企业生产能力来承诺,同时要避开休假日),客户有委托合同的,应将客户委托合同号写上,同一客户产品种类较多且有再版复印情况的,应统一给予编号,在再版时写上原始编号,不能重复编号,方便原始印样的调用。

表内需填写的内容分为业务、纸张墨色、重要说明、工价四类。

1.业务

为避免发票开错后退票重开的现象,需正确填写委印客户名全称。产品名称一栏填写客户委印的产品名称,属书刊类的写上书名。一张施工单印制两种及以上产品时,要写明共几种。在品名栏中无法分别填写产品名称时,可以用编码形式统一编码,如A、B、C、甲、乙、丙等,编码时要注意原稿与施工单编码必须一致,否则极易张冠李戴,造成印错事故。

委印数量一栏填写委印数量,一单多品种时,如数量一致,可简写为"各××本",如数量不一致,则按统一编码注明各自数量。"@"标记为产品基本单位符号,其后面主要填写诸如书刊、样本等多印面产品确定印量后的页面数量,如:封+××印张、封+××双页等,无封面产品直接写共××印张即可。

成品尺寸:分平面尺寸、立体尺寸、折叠尺寸三种,根据成品实际尺寸来填写,其数据前后顺序按文字正视条件下左右方向尺寸在前、上下尺寸方向在后排列,例如:一本16开的书,它的文字可读方向是210mm,上下方向是285mm,在标成品尺寸的时候,必须写作210mm×285mm,不能写作285mm×210mm,否则排版的时候会排成横排本。立体尺寸产品必须注明长×宽×高数据,折叠式产品注明折成X/X(长/宽或宽/长),×折,同时在后面填写展开尺寸。

稿件类别、加工要求两栏,根据实际情况填写。最后,如属一品多联或多种产品拼印的,在拼版图上画出拼版图,栏目内未尽事宜,可以在重要说明栏中加以说明。

2.纸张、墨色

① 规格、纸名:根据产品及印刷需要,分别列出克重、纸张规格、种类,如60克双胶、157克双铜等等,除正度尺寸外,特规纸要列出全张纸尺寸,如889mm×1194mm、850mm×1168mm等,如对纸张品牌有指定要求,要列出指定品牌,如80克金东双胶、105克金东太空梭双铜、157克韩松双铜、400克白马牌白板纸等,其中铜版纸分单面铜版、双面铜版,又分光铜、亚铜(也称亚粉纸),都要书写清楚,避免用错料。原稿与承印产品纸张有变化时,要在原稿上注明改用某类纸张,与施工单保持一致,避免因生产部门校样时发觉原样与印样纸张不同后停机查询而影响施工进度(纸张的种类不同,对印刷的适应性能也不同,由此所产生的印制效果各不尽然,这一点在后文中将作详细讲解)。

凡属客户自来料，均应在本栏中注明，未注明来料者，一律按本公司发料予以核算料价。

② 开切尺寸：必须满足产品拼版后的印刷要求，如有出血色块的产品，在上、下位置上或在纸张面积允许条件下作适当的放量来确定开切尺寸；遇到纸张面积无法放量的，必须确保成品尺寸外保留2mm以上光切余地。无法满足这一条件时则改用相应规格纸张、调整纸张开数或适当缩小成品尺寸等来解决，前提是必须先与客户沟通，征求意见。

③ 开数：一张全张纸，根据实际上机需要尺寸能开成几张，就等于该张纸的开数。正印数：本批产品经过拼版，实际需要上机印刷提供成品的数量，即为正印数。

3.重要说明

凡属其他栏目中无法表述的内容及需要提醒生产部门注意的相关事项，均填写于此栏。特别要注意的是，必须填写客户的送货地址、电话和联系人，便于施工中及时联系及正确无误地将货物送到客户需要送达的地址。

开票说明：根据公司指定的开票单位打"√"，需开增值税发票的要注明客户的税号、银行卡账号等相关资料。

4.工价

根据公司制订的相关工价分类逐项填写，有外发加工的项目，要填写外发加工工价，料价按公司纸张定价计算，无定价的纸张按进价加5%的管理费计价。

计算时，把纸张吨价换算成单价，再乘上实际使用的纸张数量就等于料价，纸张吨价与单价换算公式：

$$吨价 \times 克重 \times 纸张面积 \times 1.05 \div 1000 = 单价$$

纸张面积按长×宽计算，如正度787mm×1092mm=0.8594m^2，大度889mm×1194mm=1.062m^2，等等。

通过这一公式，只要了解纸张吨价，可以任意求出不同克重、规格的纸张单价。

最后，各类工价相加即核定总价。分解到委印数量，即可知单价。由于各种因素造成实际价格无法与核定工价一致时，按实际价填入开票总价栏。部门考核时会计算其差价来进行业绩考核。

💡 问题思考

1.例如，已知该批铜版纸进价为7200元/吨，求128g大度纸单张价格。

2.例如，已知该批双胶纸为5600元/吨，求80g正度纸单张价格。

💎 能力训练

选择一个数码印刷产品，比如宣传单，印量114份，纸张为双胶纸（80g），纸张规格A4，单面彩印。请制定该产品印刷施工单。

数字印刷技术

任务二 数字印刷印前准备

任务实施 折页印前制作与输出

1.任务解读

根据某品牌的包装设计图和平面展开图，以及包装盒产品内容所表达的信息，以折页的形式，制作宣传单，以达到推销目的。折页设计要求符合产品活动主题，体现活动特色，同时折页设计还需具有折页的属性。

（1）创意要求

① 应具有原创性，创意构思独特，对目标市场定位准确；

② 颜色运用符合主题，整体协调；

③ 折页设计需准确描述客户信息。

（2）技术要求

① 版式需符合出版印刷的规格要求；

② 折页尺寸正确，版面内容完整；

③ 数码印刷输出，分辨率设置需符合印刷要求，印后完成裁切；

④ 按要求需包含出血、裁切标记等相关信息。

（3）折页设计要求

① 折页每P尺寸：70mm×150mm，出血值为2mm，颜色模式为：CMYK，分辨率为300dpi；

② 折页折数自行设定；

③ 存储格式：.pdf。

2.设备、材料及工具准备

设备及工具：柯尼卡美能达数码印刷机、裁纸机、直尺；

材料：A3幅面纸张、折页产品施工单。

3.课堂组织

模拟公司数码印刷任务，将学生分成若干组，每个小组4人。1名学生担任组长，其他学生模拟客户，小组长负责与客户进行沟通（咨询、了解报价、校对供稿）并合理分配任务。小组成员接到稿件后对产品进行前期的处理，包含折页素材的收集、版式设计、图像处理、排版、数码打样输出等。教师作为数码快印部主管，协同学生对印刷产品质量进行评价。

全程由学生独立完成，教师作辅助指导，目的在于通过这样的训练提高学生的自主学习能力，培养团队协作意识，明确在制作过程中前期与客户沟通的重要性。

4.操作步骤

① 首先与客户沟通该品牌的产品内容，收集网络折页设计素材；

② 开制数码印刷施工单，阅读施工单，掌握本次生产情况，做好工作任务分解；

③ 分配工作任务，印前小组完成页面设计任务；
④ 打样小组完成数码印样；
⑤ 教师指导各小组完成质量检测；
⑥ 正式印刷。

任务知识　图文信息获取及编辑

印刷页面中常见的页面元素有图形、图像和文字等。在印刷领域中，图像和图形是两个不同的概念。图像是由彼此相邻和整齐排列的彩色像素所组成的，其效果如同用小方块拼成的图案一样，彼此有固定的位置和不同的颜色（图1-2）。图像的最大优点是非常适于表现连续调变化的各种景色、人物等自然模拟信息，并能够从颜色和层次各个方面来完美地再现它们。图像信息一般是用数字扫描设备（扫描仪）或数字摄影设备（数码照相机）采集到计算机中。图形是由一个个相互独立的图形对象组合而成的，这些图形对象又由标记点、线条、面、体等几何元素和填充色、填充图案等构成（图1-3），常见的图形有企业商标、美术字等。

图1-2　图像原稿

1.图形元素处理

对于图形元素的处理可以借助于图形处理软件，代表软件有Freehand、Illustrator和CorelDRAW等。图形在计算机处理中通常是建立在某种数学模型基础上，规则图形（矩形、圆形、椭圆形等）由相关参数描述；自由图形一般由节点、直线和曲线组合而成，其中曲线采用贝塞尔函数或B样条函数，用函数的参数、节点坐标等即可描述。

图形处理软件均具有图形处理、绘制和编辑等功能，在数字印前中可以借助鼠标来绘制图形（图1-4）。图形与分辨力无关，只在输出或显示时才按照设备的分辨力来进行点阵化成像。由于图形是以数学公式的形式存储的，因此在放大或缩小时不会出现虚晕或马赛克现象。

图1-3　图形原稿

2.图像元素处理

图像处理的目的是改善其质量，因为它以人为对象，所以主要用来改善人的视觉效果。最常用的图像处理软件是Photoshop、Painter等，可用于解决连续调图像的编辑和处理，包括彩色校正、图像调整、蒙版处理、图像的几何变化等，以及特效的制作，包括旋转、尺寸变化、清晰

图1-4　图形无马赛克

度强调、柔化、虚阴影生成、阶调调节及色彩选择性校正等。其实，Photoshop中的某些功能，如黑白场定标、层次调整、颜色校正、清晰度强调等，在高档扫描软件中也有提供。需要指出的是，要先在图像输入时充分利用输入设备和扫描软件来获得最好的图像，然后再在图像处理时对图像质量进行小幅度的修正，因为如果扫描分色图像只提供很少的颜色层次信息，那么用Photoshop软件工具也无法调出更好的颜色层次来。下面简单介绍一下在Photoshop中对图像信息进行的常规处理。

（1）图像旋转和镜像处理

当扫描结束后，发现图像有点歪斜或者图像位置颠倒等，这时就要在Photoshop中进行处理。具体步骤：在Photoshop中选择"图像"/"图像旋转"，将显示如图1-5所示的对话框，可以在对话框里进行相关设置来实现对图像的任意旋转和镜像处理。此时，依次有6种选择：180°（指定图像旋转180°）、90°（指定图像按顺时针旋转90°）、90°（指定图像按逆时针旋转90°）、任意角度（可以键入任意角度做顺时针、逆时针旋转）等旋转、水平镜像和垂直镜像。

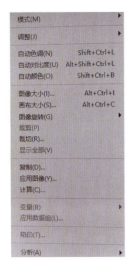

图1-5　旋转图像

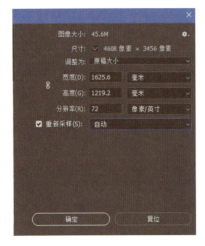

图1-6　改变图像大小对话框

（2）改变图像大小

改变图像大小包括改变图像的尺寸和分辨率。在Photoshop中选择"图像"/"图像大小"，将显示如图1-6所示对话框，可以在对话框里进行相关设置来改变图像大小。

对话框中间部分用于设置图像的宽、高和分辨率，通常用于印刷的图像分辨率一般设为350dpi。对话框下部分中"约束比例"表示此项选中图像的宽和高保持一定的比例变化，即当图像的宽度发生改变时，高度随之改变。"重定图像像素"指通过增加或减少像素总数来更改图像的像素尺寸。重定图像像素主要是为了在屏幕上查看，但这总是会降低图像品质。重定图像像素为较小尺寸时将减小文件大小并锐化外观。重定图像像素为较大尺寸时将增加文件大小并模糊外观。

（3）图像裁切处理

裁切是选择并删除图像的一部分以突出主体或强化其余部分的视觉效果。Photoshop提供了多种裁切方式，常用方式为，选择裁切工具；如果要指定裁切的大小和分辨率，需在选项栏中输入数值，或点按"前面的图像"输入当前图像的数值；在要保留的图像部分拖移，松开鼠标按钮时，裁切选框显示为有角手柄和边手柄的定界框，并且有一个裁切屏蔽覆盖裁切区域；然后，调整裁切选框，再次点击裁切工具，完成裁切工作。

（4）改变画布大小

在图像处理过程中经常会遇到画布空间过小，需要在图像周边或某一边增加空白部分的情况，在现实生活中要做到这一点比较麻烦，并且常常会留下拼接的痕迹，但在Photoshop中可以很方便地拓展画布空间，且不留下任何拼接的痕迹，也不改变原有图像的分辨率和图像的大小。如图1-7所示，对话框下部设有"定位"选项，表示在图像的什么方向增加画布。

3. 图像优化处理

1）图像修整处理

印刷原稿上存在脏点、划痕、油渍、污渍甚至手指印或者其他噪声现象时有出现，假如在印前复制过程中不加以处理，将极大地影响印刷复制质量。Photoshop提供有图像除脏工具，比如仿制图章。仿制图章工具从图像某处取样，然后可将该取样值应用到其他图像或同一图像的其他部分，这样就可以在图像非脏点处取样去除图像上的脏点。具体操作：选择仿制图章工具；从选项栏的弹出式调板中选取画笔大小，并指定混合模式和不透明度；将指针定位在要取样的图像部分，按住Alt键并单击，该取样点即复制图像的初始位置；拖移即可去除脏点。使用"杂色"滤镜也可以去除图像画面上的灰尘和划痕，步骤如下。

图 1-7　画布大小

① 选取"滤镜"/"杂色"/"蒙尘与划痕"（图1-8）。

② 向左或向右拖移"半径"滑块，或在文本框中输入1～16像素的值，确定滤镜在多大的范围内搜索像素间的差异。"阈值"用以确定像素的值有多大差异后才应将其消除，可以通过输入值来逐渐增大阈值，也可以通过将滑块拖移到能消除瑕疵的最高值来逐渐增大阈值。

图 1-8　蒙尘与划痕

2）图像模糊化处理

在印刷复制中，经常也会有要让某个对象模糊的时候，例如将印刷品作为印刷原稿时，如果不加以处理直接输出，将会导致龟纹的出现，这就要求人们在数据输入时将网点模糊掉。其实，在Photoshop中也有相应的处理工具——"模糊"滤镜。它们一般通过平衡图像中已定义的线条和遮蔽区域清晰边缘旁的像素，使变化显得柔和。常用的选项有"模糊"、"进一步模糊"、"高斯模糊"、"径向模糊"和"特殊模糊"等。例如，执行"滤镜"/"模糊化"/"高斯模糊"可以消除印刷品上的莫尔条纹。一般来说，既要消除莫尔条纹，又要求图像细节损失不要太大，模糊化的取值不应超过2。

3）图像清晰度调节

扫描仪和各种数字化设备在处理图像过程中会对图像有柔化作用，所以，处理完的图像要进行锐化。锐化就是通过提升不同颜色条相邻区域的对比度，来突出图像细节，以加强图像清晰度。在扫描时可以选择合适的虚光蒙版，对图像进行锐化处理。正确的锐化可使图片更加清晰，过分的锐化则会造成粗糙，会使图像颗粒度加重，有浮雕感。通常情况下，不同的印刷原稿和输出尺寸大小不等则锐化程度不同，一般原稿输出尺寸小时，锐化强度稍大，输出尺寸大则锐化强度小。

Photoshop中的"锐化"滤镜一般通过增加相邻像素的对比度来改善模糊的图像。常用的选项有"锐化"、"进一步锐化"、"边缘锐化"和"USM锐化"。"边缘锐化"和"USM锐化"即查找图像中颜色发生显著变化的区域,然后将其锐化。"边缘锐化"只锐化图像的边缘,同时保留总体的平滑度。使用"USM锐化"可以调整边缘细节的对比度,并在边缘的每侧生成一条亮线和一条暗线。此过程将使边缘突出,使人产生图像更加锐化的错觉。它可以校正摄影、扫描、重新取样或打印过程中产生的图像模糊。

在Photoshop中使用"USM锐化"锐化图像的步骤:

图1-9　清晰度调节对话框

① 选取"滤镜"/"锐化"/"USM锐化",出现如图1-9所示的对话框,选中"预览"选项。

② 拖移"数量"滑块或输入一个数值,确定增加像素对比度的数量。对于高分辨率图像,建议使用10%和20%之间的数量。拖移"半径"滑块或输入一个数值,确定边缘像素周围影响锐化的像素数目。对于高分辨率图像,建议使用1和2之间的半径值。较低的数值仅锐化边缘像素,较高的数值则锐化范围更宽的像素。拖移"阈值"滑块或输入一个数值,确定锐化的像素必须与周围区域相差多少,才被滤镜看作边缘像素而被锐化。为避免产生杂色(例如,带粉红色调的图像),宜用2~20之间的阈值。

4)图像阶调层次调节

阶调层次调节实际上包含两层的含义:其一,对原稿的阶调层次进行艺术加工,最大限度地满足客户对阶调复制的主观要求,例如:对曝光不正确的摄影稿的阶调校正;其二,补偿印刷工艺过程对阶调再现的影响。

在Photoshop中,"层次曲线"调整主要通过设定高光/暗调点(黑白场定标)和改变"曲线"形状来实现。

正确设置高光点可使原稿上中、亮调层次得到很好的再现,正确设定暗调点,不仅能较好地反映图像的层次,且能达到纠正原稿色偏的效果。在Photoshop中设置黑白场最好的方法是使用高光和暗调滴管,具体方法如下:选择"图像"/"调整"/"曲线",双击高光滴管,得到拾色器,然后在CMYK框中输入印刷品上能正确再现的网点值。同样,我们也可以用暗调滴管完成暗调设定。

改变层次曲线的形状:执行"图像"/"调整"/"曲线"命令,出现曲线对话框(图1-10)。该曲线描述的是未调整前的输入值(灰度值或网点覆盖率)和调整后的输出值之间的关系,可以通过点击和拖拉改变曲线形状,从而影响输出结果。如果图像原稿阶调正常,曲线可采取线性调整;如果图像原稿是以亮调为主的原稿,此时画面高调层次较差,反差小,因此要拉大中亮调层次反差;如果图像

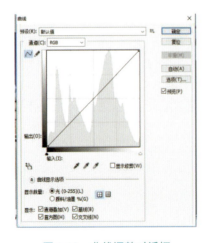

图1-10　曲线调整对话框

原稿是以暗调层次为主的原稿，中暗调层次较差，反差小，整体偏暗，因此要拉大中暗调层次反差。

如图1-11所示，图像处理主要是通过相应的软件来调整图像的分辨率、模式、亮度、对比度以及色阶等来达到印刷想要的效果。比如在一般的图书印刷中，颜色模式应该为CMYK，这是一种印刷模式，它的四个字母分别代表印刷中油墨的四种颜色。图像的分辨率不能够小于300dpi，否则印刷出来的图像将会带有一定的锯齿边且比较模糊。当然，有时候图书内页需要黑白印刷，这时应当将图片调整为灰度图。对于灰度图，要注意调整图像的清晰度，要注意黑场和白场的平衡，高光的部位不能缺失，也不能让暗部太黑导致图像看起来不清爽，从而影响我们的视觉感受。

图1-11　处理前（左）和处理后（右）对比图

5）图像颜色调整

扫描后的RGB图像需经过分色转化为CMYK图像后才能输出。分色校正主要是在Photoshop中进行的。Photoshop软件内置很强的分色功能。下面就来介绍Photoshop内置的分色参数和分色后的调节。

（1）分色设置

①印刷油墨设置：执行"编辑/颜色设置"指令，出现"颜色设置"对话框。参数的设置如图1-12所示。

图1-12　"颜色设置"对话框

② 在对话框上部是"工作空间"设置栏，点击印刷油墨CMYK，出现"自定CMYK"对话框，包括印刷油墨设置和分色设置两部分（图1-13）。

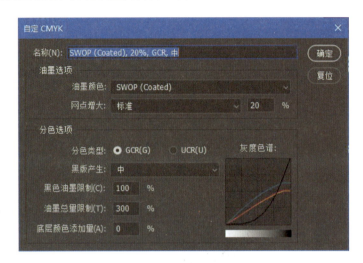

图1-13 "自定CMYK"对话框

在该对话框中可以设置后端的印刷油墨类型、灰平衡数据以及印刷中网点增大值等。"油墨颜色"用来设置采用的不同承印材料和油墨的打样公司；网点增大值指中间调50%处网点的增大情况，若印刷在铜版纸上，建议取20%～25%，胶版纸取30%，新闻纸取35%～40%。该值设定越大，分色后的CMYK数据越小；灰平衡指的是印刷打样的油墨灰平衡数值，每个打样公司都有自己的灰平衡数据，操作者在进行图像处理之前就必须熟记这些数据。当用灰梯尺经分色后得到的CMYK数据偏离原来数值时，就需要调节以上设置。

（2）黑版生成设置

在图1-13的对话框中选择分色类型：GCR和UCR。每次可选取一种方式：GCR代表灰成分替代，UCR代表底色去除，一般选择GCR方式。

接下来是确定"黑版产生"，一般地说，当图像中的灰成分不是很多时（如日常拍摄的风景、人像照片等），通常将黑版设为中调黑版；当图像为高饱和度、高反差的艺术摄影时，可将黑版设定为短调、高反差骨架黑版；当图像中灰成分很多时（如一些国画），为了达到较好的灰平衡，可使用长调黑版，甚至采用全调黑版复制。

设置"黑色油墨限制"，不同类型的印刷原稿应该有不同的数值，通常为保证印刷品的黑场有足够的反差，它取值85%。

设置"油墨总量限制"，该选项表示四色网点面积之和的最大值，对于不同承印材料的取值也不相同，对于新闻纸胶印来说，取值宜在260%以下，对铜版纸胶印而言，取值可为340%～380%。

设置"底层颜色添加量"，该选项主要是增大青、品红、黄在暗调处的数值，对于暗调色彩层次较丰富的原稿，可将该值取大些，取40%都可以。

（3）颜色调整

分色后的图像往往需要进行进一步的颜色校正才能达到印刷复制的要求。Photoshop中有多种颜色校正工具可供使用。例如，用"图像"/"调整"/"曲线"补正图像的高调与暗调数值，兼顾整幅图像的阶调与灰平衡。当图像的中间调偏暗时，就可以使用"曲线"工具进行调节。

也可以使用"图像"/"调整"/"可选颜色"对图像中的局部色块进行必要的调节（图1-14）。但是该工具对于连续调色彩层次丰富的原稿，调节量不宜太大，否则会出现断层现象，破坏阶调的连续性。

亮度和对比度调节是对图像进行阶调调整的最简单方法。这种调整只能对图像的整体进行调整，不能分别对某一个色相进行调节。如图1-15所示的亮度/对比度调节对话框，当亮度增加时，图像的总体效果变亮。对比度用于增强不同颜色间的反差，使亮像素更亮，暗像素更暗。"图像"/"调整"/"色相/饱和度"命令用来调整整个图像或图像中单个颜色成分的色相、饱和度和明度（图1-16）。

图1-14 "可选颜色"对话框

图1-15 亮度/对比度调节对话框

图1-16 色相/饱和度调节对话框

使用Photoshop中性灰色阶工具可以调整偏色照片。图1-17所示是一幅偏色的图片，在印刷复制时，需对此图片进行颜色调整。在Photoshop中执行"图像"/"调整"/"色阶"命令，在颜色通道中分别选择RGB等颜色通道会发现：这幅图像红色、绿色通道中色彩阶调比较平衡；而蓝色通道中峰值明显低于于平均值，这说明这幅图片缺蓝偏黄，总体看来阶调不丰富。图1-18为红绿蓝三通道效果图。

图1-17 偏色图片

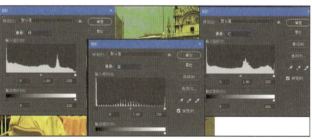

图1-18 通道效果

对于这类图片的处理方法如下：

① 自动色阶处理，单击Auto按钮，然后将灰场滑标向左侧拉动，图像变亮，阶调基本变正常，但是颜色还有待进一步处理（图1-19）。

② 选中蓝色通道，使用"图像"/"应用图像"命令，将蓝通道替换为绿通道（图1-20）。

替换为绿通道后的效果如图1-21所示。

图1-19　自动色阶处理效果

图1-20　进行通道替换

③ 再次回到RGB颜色通道，调整色相/饱和度，直到颜色满意为止。最终调整后的效果图见图1-22。

图1-21　替换后的效果图

图1-22　最终效果图

4.文字元素处理

（1）字体的设计

图书是以文字和图片传达思想意识的媒介，字体设计的重要性不言而喻。字体设计是增强视觉传达效果、提高作品的诉求力、赋予作品版面审美价值的一种重要构成技术。字体的设计要服从于作品的风格特征，根据不同的作品主题，突出字体设计的个性色彩，创造独具特色的字体，给人以别开生面的视觉感受。

字体设计是在掌握字体形式特征的基础上，充分挖掘字体的视觉审美特质，使其特性能得到最大限度的发挥与扩展，传达出更为丰厚的精神内涵。要创意设计出较好的字体，就要对字的内容、外形特征、笔画、大小、粗细、节奏、色彩等进行较全面的了解、分析，为字体的创意、设计打下基础。

字体设计的表现手法和其他设计一样，都要遵循一定的设计法则。中国汉字的外形、笔画、结构等特点决定了它的设计范围。具体而言，就是将笔画、结构加以灵活运用，以达到设计的目的，并对字体的可变成分加以研究来适宜不同设计内容和主题的需要。拉丁字母从结构上看基本由横线、竖线、圆弧线构成，主要通过对线的粗细变化、方向走势、弧度松紧关系的改变，促成对字体的整体改变。常用的字体手法有如下几种，我们可以通过了解、掌握与自我探索设计出符合审美需要又能传达视觉信息的字体。

① 对比法。对比是所有艺术最重要的表现手法，具体到字体设计上，一种是单个字体或多个字体笔画的粗细变化；第二种是将两种大小或笔画不同的字体排列在一起，形成对比效果，引

起读者强烈的视觉冲击感（图1-23）。

② 增减法。笔画减少就是在抓住文字的主要形式特征，不影响有效识别的前提下，减去个别可有可无的次要笔画，尽可能使其条理化。笔画的添加是根据某些单个字体及组合文字所表达的内容，在文字的某些笔画上以图形的方式添加内容以达到美化和创新的表现手段。在进行文字笔画添加设计时，一定要考虑文字的内容是否与添加手法是否相符，所添加的笔画和图形应不影响读者辨认（图1-24、图1-25）。

③ 互用法。互用是字体笔画与笔画、字体正形和负形相互巧妙借用的一种手法。它能为读者带来一种视错觉，起到一语双关和多元寓意的作用（图1-26）。

图1-23 对比法字体设计

图1-25 增减法字体设计（2）

图1-24 增减法字体设计（1）

图1-26 互用法字体设计

④ 特异法。所谓特异法，就是在一个较为协调的整体中，在字体的某一个局部运用突然变化的手法，增强字体的变化特点和冲击力，通俗地讲就是在一些标准字体笔画统一的情况下，将某一笔画突然变异，形成强烈的对比效果（图1-27）。

⑤ 连笔法。连笔就是有意识地将字体笔画与笔画之间连接在一起。这种表现手法是一种常见手法，在加强字体和词组之间客观存在的密切关系和整体感的同时，形成了装饰性较强的艺术风格（图1-28）。

图1-27 特异法字体设计

图1-28 连笔法字体设计

图1-29 意象代替法字体设计

⑥ 意象代替法。汉字最早是由象形文字发展而来，通过线条描述物体的外形特征从而达到表述的目的。在字体设计时可以反其道而行之，根据字意将字的某个笔画或部件用具体的图形/图像代替，达到直观表达字意的效果（图1-29）。

（2）字体的选择

字体的设计和选用是版式编排的基础。文字的字体诠释着自身的特征，可以产生不同的审美反应。选用合理的字体才能突出整个作品的思想。

在图书排版中，较为常用的有四种印刷字体：宋体、仿宋体、楷体、黑体。通常需要根据不同的内容新建不同的段落样式，比如一级标题可以使用方正小标宋简体；二级标题可以使用方正小标宋简体或者黑体；三级标题一般使用黑体；内文中的诗歌一般使用方正仿宋_GBK；序、后记一般使用楷体_GB2312或者方正仿宋_GBK；还有具有亲和力的圆体，适合表现以儿童、女性为主题的内容；在书眉、页码设计中，可以加入一些书法字体、英文字体等加以修饰，这样既形象生动，又可以直观地表达主题思想。

（3）字号的应用

字号的选用往往要从阅读对象的需要出发，与字体很好地结合在一起，与信息内容相统一，比如图书的正文可以使用方正书宋_GBK、10.48磅（5号字）。不同字号和字体相结合，可以给人以不同的视觉感受：粗字和细字的对比给人以视觉上的强烈冲击；细小的字体可以造成视觉上的连续感，而且用细小的文字构成的版面精密度高、整体性强，给人一种纤细、现代和雅致的感觉；字的大小对比可以给人以强烈的视觉感受，吸引读者阅读。

（4）字距和行距的设计

字距是指文字与文字之间的距离。字体的面积越小，字距就越小，反之则越大。当字号较小但字体较粗时，可以将字距适当增大，便于阅读。在平面版式设计中，常用的字距值是0，如果字距小于0，则会更加紧凑，不适合大篇幅使用。如果字距设置过大，容易显得版面松散。

行距是指文字行与行之间的间距。如果文字的行间距设置合理，则行与行之间的文字识别性高。如果行间距过小，则行与行之间的联系较紧密，文字的可读性降低。中文的行距通常为字号点数的1～1.5倍，其中艺术类书刊可能达到2倍。英文的行距一般是字号点数的1倍以上。

5. 图书的版式设计

版式设计是对版面的编排设计，即在一定的开本上，对图书原稿的结构、层次、插图等方面作艺术而又合理的处理。版式设计是现代设计艺术的重要组成部分，是视觉传达的重要手段，表面上看，它是一门关于编排的学问；实际上，它不仅是一种技能，更实现了技术与艺术的高度统一，可以说是现代设计者所必备的基本功之一。版式设计具有以下作用：第一，使内容有条理，便于流畅地传达信息；第二，给人以直观的感受，在阅读瞬间让读者明白这些图文所要传达什么信息；第三，充分地调动读者的视觉感受，吸引其眼球。

文字作为版式设计中不可或缺的重要元素之一，发挥着极其关键的作用，它是传达版面信息的重要元素。文字的排列方式可以决定阅读效果，因而要根据信息传达的需要安排文字规整程度。虽然文字排列是自由的，但在自由编排的同时一定要遵照人的阅读习惯来进行合理编排。文字的排列可分为以下几种。

（1）左右对齐

文字从左到右的长度要统一，从而使文字组合形成统一长度的直线，给人以端正、严谨、美观之感，这是长篇文章的基本对齐方法。

（2）居中对齐

以版面中心线为轴心，两边的文字字距相等。主要特点是使视线更集中，整体性加强，更能突出中心点。这种方法适合用于横排文章，不适于竖排文章。且居中对齐的文章在排版时，除了文字以外的所有要素也都要向中央对齐。

（3）行首对齐

用于横排文章时也称为"行左对齐"，是所有行均在行首对齐的方法，方便在文章的停顿处换行，适用于散文、诗歌等。

（4）行尾对齐

用于横排文章时也称为"行右对齐"，是所有行末尾对齐的方法，使用这种方法时行首无法对齐。行首没有对齐的版面不易于文章的阅读，因此这种排版方式不适合用于长篇文章。

除了文字之外，图片也是版面设计的重要组成部分，图片比文字更能吸引读者的注意，图片的编排方式对版面的整体效果起到十分重要的作用。在编排图片的时候，可以通过物体的造型、倾斜方向、人物动作和神态来引导读者的视觉方向。以人物为例，人物的眼睛能特别吸引观众的眼光，因此，在人物视线流动处安排重要的文字，可以引导读者进行目光移动。与此同时，运用此方法还可以形成明确的方向性，引导读者进行阅读。在编排时，图片与图片之间的先后顺序也至关重要，应符合常理性与视觉习惯。常见的图片对齐方式有，上对齐、下对齐、左对齐、右对齐四大对齐方式。其中，使用最频繁的是左对齐方式，因其符合人们从左往右阅读的视觉流程。

当版面中图文混合编排时，应当注意二者之间的协调性，合理的编排方式可以增强版面的表现能力。在编排时应当做到：

① 统一图片与文字的边线。同一版面中的文字与图片应当是统一的，所谓的统一不是刻板的编排方式，而是图片与文字的边线统一对齐、整齐有序。

② 合理编排文字与图片的位置。图文混合编排时，要注意两者之间的位置关系，避免图片的穿插影响文字的可读性。图片的编排应在不妨碍视线流动的情况下进行。

③ 文字绕图。为了保证文字和图像的各自独立，可以运用图文绕排的版式。但图片和文字之间需要保持一定的距离，以保证二者之间不会发生冲撞。

④ 图片与文字的颜色处理。通常情况下，版式编排中文字使用最多的是黑色，但是除了黑色也可以用有彩色系的色彩，起到活跃版面的作用，文字颜色的使用可以从图片色中提取，使得图文联系加强，但是需注意不适合大篇幅使用。

除此之外，排版时还应该考虑两方面要素：一是文字基本属性的合理选用与安排，从而设计出符合文章内容的版式；二是要考虑设计效果是否符合印刷工艺的要求与条件，使设计与印刷能达到最佳的匹配。除此之外，对字体和字号也应当进行选择，以便适应于目标图书。

根据图书类别将常用版式规格总结如下：

① 图书和杂志开本：一般使用16开、32开、64开，即210mm×297mm、148mm×210mm、105mm×144mm；

② 中国学术图书出版物（计算机、理工类）：一般使用正16开，即185mm×260mm，40行×41字；

③ 中国学术图书出版物（文科、经管、法律等）：一般使用大16开，即205mm×279mm，42行×45字；

④ 中国学术图书出版物（学术论文类）：一般使用异32开，即145mm×209mm，29行×28字。

问题思考

1. 常用的字体手法有哪些？
2. 作为一名设计师，如何与客户进行有效的沟通？

能力训练

使用Illstrator软件绘制一个你所在学校的徽标，可参考图1-30。绘制过程中注意：① 徽标的高度为4cm；② 颜色为专色。

图1-30　四川工商职业技术学院徽标

任务三　色彩管理

微信扫码
色彩管理

任务实施

一、输入设备校准及特性化

输入设备校准及特性化即输入设备色彩管理，我们以扫描仪为例。一个印刷复制流程中，如果色彩在源头就不准确，必然会直接影响到后续流程的复制效果，直至影响最终印刷品的质量。因此，扫描仪作为印前图像输入的重要工具，对其进行规范化操作与控制是很必要的。

1. 任务解读

熟悉扫描仪的基本操作，正确设置相关参数，能够按照色彩管理的步骤及方法制作扫描仪ICC文件，对扫描仪进行色彩校正，提高图像输入的质量。培养学生团队意识与协作精神，提高其动手实践能力。

2. 设备及工具准备

扫描仪：HP Scanjet G4050扫描仪

操作系统：Windows XP

扫描软件：HP解决方案中心

色彩管理软件：格灵达ProfileMaker 5.0

色彩管理色标：Kodak IT8.7/2 反射色标

3. 课堂组织

学生分成若干组，每组 3 人，各选出小组长 1 名。小组成员分别完成扫描仪操作、特性化文件制作、特性文件检查及应用等任务。教师完成理论讲解及实操演示后，辅助学生完成实训任务。

4. 操作步骤

（1）扫描仪的准备

① 启动扫描仪，预热 30min 左右。检查扫描仪玻璃板表面，如有脏污需清洁干净。

② 删除扫描仪默认的配置文件（图1-31）。该操作是为了关闭扫描仪的自动色彩校正功能。

图 1-31　删除扫描仪系统色彩管理中的特性文件

③ 扫描仪校正。在扫描仪的软件中打开校正选项，执行扫描仪的校正，调整光学器件工作电压，保证三通道信号混合中性色时达到均衡，同时校准扫描仪的亮度、对比度、伽玛值等（图1-32）。

（2）扫描 IT8.7/2 反射色标

① 将色标放置于扫描仪玻璃面板上，图文朝下，务必放置端正，盖紧后盖。

② 打开扫描软件 HP 解决方案中心，主要设置以下扫描参数：颜色模式为"RGB"，分辨率为"300dpi"。

图 1-32　扫描仪的校正设置

注意：扫描的所有参数可以保存为快捷方式，以备以后的扫描任务调用。色彩管理实施后，扫描参数不能随意修改，否则特性文件可能无效。

③ 扫描色标，存储为 Tiff 格式。

（3）制作及安装扫描仪 ICC 文件

① 启动 ProfileMaker，进入"扫描仪（Scanner）"选项卡。在"参考数据"中选择配套的参考数据文件"R2200703.Q60"文件（图1-33）。

② 在"测量数据"中选择刚刚扫描的 IT8.7/2 色标的 Tiff 文件，注意正确框选电子色标的范围（图1-34）。

③ 设置 ICC 配置文件的参数。

图 1-33　参考数据设置

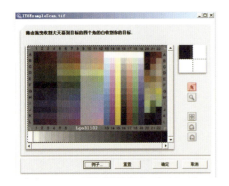

图1-34　正确框选色标

图1-35　应用配置文件

Profile Size大小：可选择ICC文件的大小，有"默认"和"大"两种选项。"默认"生成的ICC文件精度较低，但文件较小；"大"生成的ICC文件精度高，但文件较大。

可感知转换意图：有纸张方式中性灰和中性灰两种选项，二者在灰色的表现上略有不同。

观察光源：根据特性文件使用的场合选择对应的光源，推荐D50。

④ 点击开始，生成扫描仪ICC制作。将制作完成的ICC文件保存在指定的位置，对于文件名称要注意，可以使用数字和字母等符号，不要使用中文，名称中一般应包含设备类型、日期等信息，例如Scanner20180106。

⑤ 扫描仪ICC文件的安装。选中并右键单击ICC特性文件，选择安装配置文件，即可把扫描仪特性化文件安装到计算机系统里待用了。

（4）特征文件的应用

安装特性文件后，即可用指定特性文件对所扫描的图像进行色彩管理。比如在Photoshop编辑菜单中选择"指定配置文件"选项，在"配置文件"的下拉选项中选中安装好的扫描仪特征文件（图1-35）。

特征文件制作准确与否，严重影响扫描图像的色彩效果，因此在制作过程中必须正确操作，且需要根据设备的稳定性情况，定期制作。实际应用时，还必须根据原稿的介质类型，如反射类原稿和透射类原稿，建立不同类型的特性文件。

二、显示设备校准及特性化

显示器作为连接输入、输出设备的中间环节，其色彩显示的准确性直接影响到操作者对颜色的判断，进而影响到对数字文件的各种操作及编辑。因此，对于印前工作者来说，非常有必要对显示器进行色彩管理，使其不仅能够准确地显示输入的颜色信息，也能准确地预示输出的色彩效果，实现所谓"所见即所得"。显示设备校准及特性化一般对专业显示器才更有实际意义。

1.任务解读

一台显示器使用一段时间后或者存在错误的设置就可能出现颜色偏差。由于专业用户对色彩要求非常高，因此需要分光光度计的帮助以让显示器拥有良好的色彩表现。通过本任务使学生掌握显示器的参数设置，熟悉显示器色彩校正的方法，能够按照色彩管理的步骤对显示器进行色彩校正，并最终制作显示器ICC文件。以此加强学生对专业知识的深入理解和应用，培养学生综合应用所学知识以及分析问题和解决问题的能力。

2.设备及工具准备

显示器：艺卓CG247液晶显示器

测量仪器：爱色丽 Xrite i1 Profile（以下简称i1 Pro）

色彩管理软件：i1 Profiler 软件

操作系统：Windows XP

3.课堂组织

学生分成若干组，每组5～6人，每组自选出小组长1名。小组成员共同完成ICC特性化文件制作以及特性文件质量评估等任务。教师完成理论讲解及实操演示后，辅助学生完成实训任务。

4.操作步骤

（1）显示器准备

在显示器色彩管理前，显示器必须预热30min以上，以使其工作状态稳定；注意显示器所在房间的光源配置，建议使用标准光源（如D50），周围最好不出现彩色的反射物体；显示器必须安装遮罩，以避免过多环境光对屏幕的直射；把显示器设置为出厂默认状态；关闭系统电源管理及屏幕保护程序。如果之前进行过显示器色彩管理，删除原有配置文件。

（2）打开软件

安装i1 Profiler 后点击桌面的图标，打开软件，界面如图1-36所示。

（3）启动查看

启动后出现如图1-37所示界面，图标附近显示绿色小勾的地方，表明软件包含相应模块的功能。点击最下面的两个按钮可以查看许可和注册信息。

（4）选择测量的仪器

这里支持i1 Pro 和 i1 Display，如图1-38所示。

（5）切换高级模式

选择"高级"，切换高级模式的操作界面（图1-39）。

图1-36　i1 Profiler 的启动界面

图1-37　用户模式

图1-38　测量仪器的选择

图1-39　操作模式的选择

（6）显示器校正

点击显示器的色彩管理，进入显示器校正参数设定。

① 白点色温设置。国际标准照明委员会（CIE）及国家印刷行业标准规定了观察反射样张的标准光源色温D50或D65。其中白点色温设置如图1-40所示。

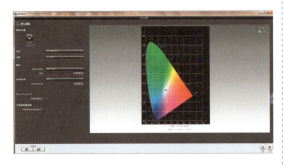

图1-40　白点色温设置

② 亮度设置。亮度需要适中，建议校正值为120。

③ 协调感应函数设置。即Gamma值设置，普通电脑建议值为2.2，苹果电脑建议值为1.8。

④ 对比度比率设置。对比度比率即对比度，可以设置为"本地""自定义""从ICC定义"等。这里直接选择"本地"即可。建议勾选"测量和调整闪光"选项，提供了闪光测量和修正功能，从而可根据查看条件优化显示器的对比度（特别是针对没有遮罩的显示器，反射光会降低其表面的显示对比度）。

⑤ 点击"下一步"。

（7）ICC配置文件设置

在如图1-41中的几个选项中，一键勾选"使用默认值"即可，点击"下一步"。

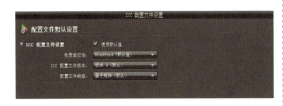

图1-41　默认Profile的设置

（8）默认色块集的设置

在"默认的色块"中，有大、中、小可选，选择"中"色块。点击"下一步"，如图1-42所示。

理论上色块选择越多，色彩管理的精度越高，但是需要的时间越长，可根据需求选择。

如果专色使用比较频繁，还可以选用专色块进行校准，点击右上方的 ■（Pantone符号）。加载专色进行测量，书法与正常色块测量方法一样，此处不再赘述。

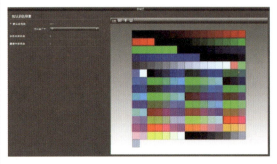

图1-42　默认的色块集设置

（9）默认测量方式设置

如果显示器不支持白点x、y坐标调整或者RGB三通道驱动值调整，请勾选"自动显示器控制（ADC）"自动控制选项，il Profiler会自动控制显示器校正色温、亮度和对比度等；如果使用专业显示器，请勾选"手动调整亮度、对比度和RGB增益"（图1-43）。

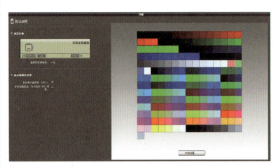

图1-43　默认测量方式的设置

（10）测量

点击"校正"进行仪器的校准，此时仪

器应该放在校正白板上,再点击"开始测量"。以下介绍手动校正的步骤。

① 根据提示,带上光源测量头测量环境光(按下测量按钮,无点击"下一步"),再取下光源测量头对准屏幕距离30cm,按下测量按钮,点击"下一步",此时软件自动计算闪光修正补偿值。

② 调整对比度、色温以及亮度。对比度、色温以及亮度的调整会有强弱指示。以对比度调节为例,如图1-44所示,通过调整显示器上对应的对比度、色温及亮度按键进行增加或者减少,直到出现绿色的小勾,当然要达到更精确,可以耐心调整,使数据尽可能地接近。

图 1-45　显示器ICC文件的设置

(12)查看色域、LUT和校正前后的比较

配置文件创建完成后,可以看到显示器ICC文件的状态。从左到右点击色域上方的按钮符号,可依次查看CIElab中的色域、CIExyz中的色域、输入输出曲线和加载图像校正前后的对比状况(图1-46)。

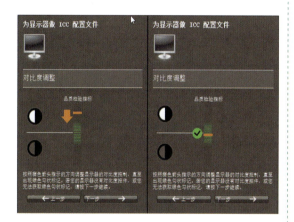

图 1-44　对比度的调整

③ 测量色块集并生成显示器ICC。

(11)测量及生成显示器ICC文件

在对比度、色温和亮度调整好以后,软件会自动控制仪器测量之前选择的色块集并逐个测量它们的颜色值,测量完成后生成显示器ICC文件。

ICC文件的命名最好以"显示器型号-日期"命名,方便以后的区别和应用。图1-45的"配置文件提醒"是设置再次校正提醒的间隔时间。到时间后,计算机右下角会出现红色"il Profiler"图标提醒再次校正,最后点击"创建并保存配置文件"生成并自动加载给显示器。

图 1-46　显示器ICC文件的色域

(13)显示器QA

显示器QA就是对制作的ICC文件进行量化质量评估。在高级模式中,il Profiler可为显示器做QA检测。QA分三个步骤:参考、测量和QA报告。

① 参考,是QA检测参考文件的选择,测量的色块集文件可以采用"标准",也可以采用添加专色或从图像上选择颜色来测量检验(图1-47)。

图1-47 显示器QA参考

图1-48 设置检测色块集

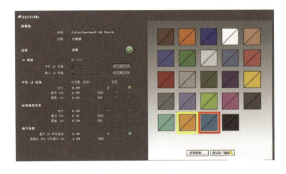

图1-49 QA报告

一般采用内置"标准"。在软件内置的"标准"色块类型中,最常用的是"X-Rite ColorChecker Classic"目标色块(图1-48)。

② 测量。测量过程和校正时的测量过程一样,而且没有任何设置,直接按提示测量即可,过程略。

③ QA报告。测量完成,即可生成色块检测报告(图1-49)。

i1 Profiler默认ΔE阈值设置太高,一般符合要求的显示器,平均ΔE阈值 < 2,最大ΔE阈值 < 6。严格的专业要求是,平均色差ΔE阈值 < 1,最大ΔE阈值 < 3。i1 Profiler软件也可以生成一个Html网页格式的测量报告文件,以便查看。

显示器色彩管理实施并不复杂,但是,由于显示器的"色衰"效应,一段时间后,显示器的亮度和色温会发生变化,偏色逐渐加重。因此,推荐每两周做一次如上述的校正,让显示器始终工作在良好状态下。

三、输出设备校准及特性化

输出设备是实现把色料转移至承印物的复制设备,包括打印机、数码打样机、数字印刷机、胶印机等。输出设备复杂多样,其中数码打样机负责给客户提供合同样以及为胶印印刷机台提供参照样张。因此,数码打样必须经过色彩管理,使得打印机获得的样张色彩与印刷机的印刷色彩相一致。下面以数码打样机为例,介绍色彩管理的步骤、方法和注意事项。

1. 任务解读

按照数字流程的程序依次创建分色文件、线性化文件,获取最佳油墨总量及黑墨总量,创建设备校准文件,实现数码打样机的校正,然后制作数码打样机特性文件。在载入印刷机特性文件以后,创建设备连接ICC。最后通过循环校色实现数码打样机与印刷机的色彩匹配,要求平均色差控制在$\Delta E \leqslant 1$。

熟悉数码打样机的基本操作,正确设置相关参数。能够按照色彩管理的步骤及方法制作数码打样机的校色包,对设备进行色彩控制,以实现模拟印刷的目的。让学生树立数字化、标准化、规范化的复制意识,培养学生一丝不苟、精益求精的工匠精神,提高实践动手能力。

2. 设备及工具准备

数码打样机:爱普生Stylus Pro 7910

微信扫码
ICC文件制作

测量仪器：爱色丽Eye-One Pro分光光度计（以下简称Eye-One）

软件：方正畅流5.1

耗材：泛太克高级光泽打样纸UH170A、爱普生Pro 7910原装墨水

操作系统：Windows Server 2003

3. 课堂组织

学生分成若干组，每组5～6人，并选出小组长1名。在指定数字流程和数码打样机下，根据特定墨水、纸张，小组成员共同完成打印校色包的制作，包含分色文件、线性文件、总墨量数据、校准文件、设备连接ICC和打样机ICC文件等。教师完成理论讲解及实操演示后，辅助学生完成实训任务。

4. 操作步骤

通过畅流PJTP控制台打开爱普生Stylus Pro 7910打样机处理器的属性设置窗口，点击其中的"色彩工具箱"按钮，打开下图所示的工具列表。其中，校色向导用于制作打样机的校色包（图1-50）。

图1-50　色彩工具箱

（1）前期准备，设置设备参数

打开色彩工具箱后，单击"校色向导"按钮。进入"校色向导"，通过窗口中的"设备参数设置"和"参数设置"设置设备参数和色彩参数。

请注意以下几项参数的设置：

① 在"基本参数"标签下设置合适的分辨率，一般设为"720×720"。页面大小一般设成该款设备默认的最大幅宽，如把爱普生Stylus Pro 7910的页面设成"A1"。

② 在"高级参数"标签下，选择"PhotoK""卷筒纸""自动切纸""双向打印"，在"介质类型"里选所用的纸张类型为"高级光泽照片纸"。

③ 在"输出端口"标签下，设置打印机端口。一般使用USB或实际网络端口地址。要确保打印机已连接到操作的电脑上。

④ 在弹出的"色彩参数"对话框中，选择适当的色彩模式，一般建议选用"8色"。因为是RIP前打样，默认为FM1即可。同时建议选中"模拟纸白"选项，不选"黑色保留"。

设置完成后，单击"确定"保存并退出。

（2）启动校色向导

校色向导由多个连续的步骤组成，每一步都有说明。按照这些步骤操作，可轻松完成校色包的制作或更新。

因为是新建校色方案，在"校色包名称"处输入新方案的名称，并选择Eye-One，然后点击"处理"。若需修正已有校色方案，请在"校色包名称"处选择已有方案，然后点击"处理"（图1-51）。

图1-51　校色向导

（3）创建分色文件

分色的目的是要针对不同的纸张和打印机生成一个分色文件，完整的名称为Multicolor.

ini,可用记事本打开。分色文件位于校色方案中,以确保最终输出的颜色层次分明,不堆墨。

选择"打印并测量",待测量图打印并干燥后进行测量,调整墨滴最佳组合,生成分色文件(图1-52)。注:铜版纸打样校色方案不含此步骤。

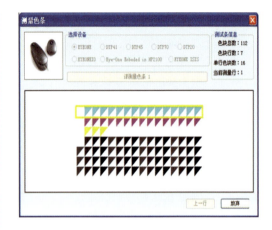

图1-53 测量色条

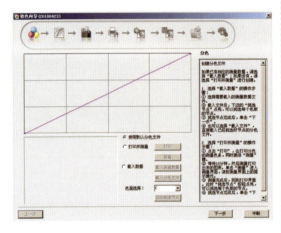

图1-52 生成分色文件

测量前,提示校白。单击窗口中的"测量"按钮,随即显示"校准白点,点击这里继续"的提示。将Eye-One设备合好,放置在校白用的白点上,然后点击此提示,设备自动开始校白。校白成功后,提示"请测量色条1"。

将打印的测量图放在Eye-One配套的塑料底板上,对准第1行色块,然后将Eye-One放在塑料底板上。按住Eye-One上的操作按钮不放,听到提示音后,从左向右匀速滑动进行测量。Eye-One在滑到色条右边后将再次发出提示音,这时松开操作按钮,完成测量(图1-53)。若测量成功,则按照上述操作继续测量,直至完成所有色条的测量。

测量完毕后,可看到"测量成功!按此继续"的提示,点击后,屏面会提示保存测量数据,确定数据文件的名称及路径并保存后,窗口显示如图1-54所示。

窗口显示了多个节点,每个节点代表一个色块,横轴表示色块从左往右的次序,纵

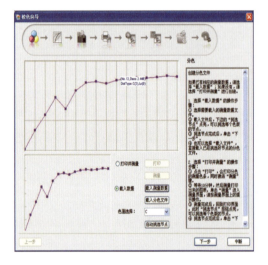

图1-54 载入测量数据

轴表示在该色块上测得的密度。将光标移至节点上,可显示详细的数据,如"No.12. Dens.2.446DotType C(3),Lc(0)"。其中No.12表示第12个色块,Dens.2.446表示密度值。此窗口一次只能显示一个色面的色块测量数据,可在"色面选择"处选择查看其他色面的情况。如需要自动挑选节点,点击"自动挑选节点",畅流可自动为用户挑选节点,以生成合适的分色文件(图1-55)。也可手动挑选节点,点击空白节点可将其选中,再次点击便可取消。手动挑选时,不要挑选纸张上堆墨、流墨的点,并应让下面最终形成的结果曲线尽量平滑。选定节点后,单击"下一步"。

项目一　认识数字印刷

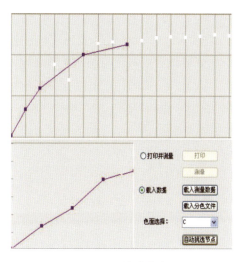

图1-55　挑选节点

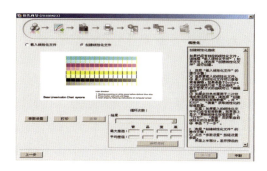

图1-57　线性化文件制作

（4）创建线性化文件

线性化文件用于对数码打样机进行打印层次的调整，以使打样机不同层次的打印平滑、过渡自然，各阶调密度符合胶印印刷要求。"参数设置"里预设了青、品、黄、黑四色版的最大密度值和尼尔森参数，一般使用默认数据。其他选项，分别选择"涂布纸"、"T状态"和"密度方式"（图1-56）。

等图表干燥后，测量打印的图表。按"测量"按钮进入测量窗口。在测量之前，需要进行一次白点校正操作。单击图1-58中的"测量"按钮，该按钮将立即显示"校准白点，点击这里继续"的提示。

图1-58　白点校正

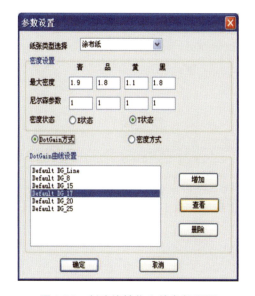

图1-56　创建线性化文件参数设置

单击"打印"按钮，打印出Eye-One线性化的测量图表。同时，激活"测量"按钮（图1-57）。

将Eye-One放置在校白用的白点上，然后单击此按钮，设备开始校白。校白成功后，提示按钮将继续显示"请测量色条1"的信息（图1-59）。测量第1个色条后，继续测量第2个色条，直至完成所有色条的测量。看到"测量成功！按此继续"的提示，点击此提示，返回到主窗口。

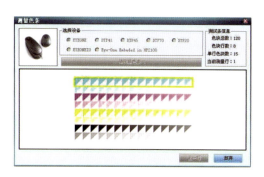

图1-59　色条测量

027

此时单击"循环打印",再次打印出线性化测量图,然后点击"测量",对打印的图表进行测量。完成测量后,返回主窗口,此时可在"结果"栏中看到生成的线性化曲线"Linearization_1",同时在"最大差值"和"平均差值"处可以看到测量值与参考值之间的最大差值和平均差值。

若不满意最大差值和平均差值,可再循环打印并测量,直至获得理想的差值为止。"循环次数"记录着循环的次数。

注:经过打印、测量后,界面上会出现一个选框"创建线性化标准数据"。如果当前校色包将来需要进行二次校准或远程校准,需勾中此选框,然后再次打印、测量,获取线性化的标准数据。

(5)确定数码打样机的总墨量

总墨量由纸张和墨水的性质共同决定。获取最佳总墨量,帮助打样机各墨水通道得到最佳的密度范围,可有效防止流墨、堆墨等现象。

总墨量判断图表预显在主窗口中,由三部分组成:CK、MK和YK。单击"打印",可打印出该图表。打印后,仔细观察,从CK、MK、YK三部分色块中分别选出一个呈现效果最佳的色块,以其下方的墨量值(或近似值)作为最大墨量(图1-60)。

如果点击"直通DeviceLink"按钮,可直接进入校色向导的第7步。

(6)生成设备校准文件

设备校准文件的主要作用是对数码打印机的灰平衡进行校正,从而使打样机的打样色彩更加准确。

一般通过打印测量的方法创建全新的设备校准文件,首先要选中"创建设备校准文件";然后单击"打印",打印出灰平衡测量图;打印后,单击"测量"开始测量。测量方法与上述相同。测量完毕后,返回至主窗口。此时,单击"创建",自动生成可确保灰平衡的校准文件。"计算"处的进度条显示了创建文件的进度(图1-61)。

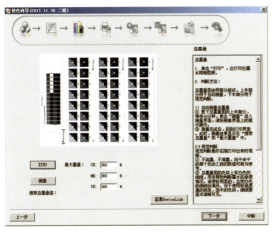

图1-60　获取油墨总量数据

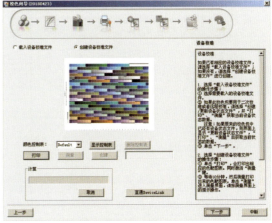

图1-61　生成设备校准文件

注:经过打印、测量后,界面上会出现一个选框"创建设备状态文件"。如果当前校色包将来需要进行二次校准或远程校准,请勾中此选框,然后再次打印、测量,获取有关设备当前状态的数据。

(7) 创建打样机设备特性文件

数码打样机状态优化后，该环节会生成设备特性文件即数码打样机ICC文件。

要创建全新的特性文件，可选中"创建设备特性文件"。单击"打印"，打印出测量图。单击"测量"开始测量。测量方法与上述相同。测量完毕后，返回到主窗口。此时，单击"创建"，自动生成可打样设备的ICC特性文件。"计算"处的进度条显示了创建文件的进度（图1-62）。

(8) 载入胶印机ICC特征文件，绑定打样机匹配的印刷机

本环节载入胶印机ICC特征文件，确定打样机要匹配的胶印机对象。直接选中"载入印刷源特性化文件"，载入要匹配的印刷机ICC文件即可（图1-63）。

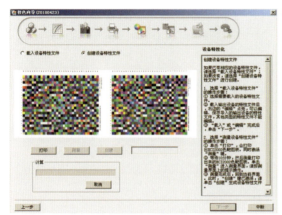

图1-62　生成数码打样机ICC文件

图1-63　载入印刷机ICC文件

(9) 创建设备连接ICC（DeviceLink ICC）

设置打样机ICC和数码打样机ICC，生成设备连接ICC文件，实现数码打样机色彩与胶印机色彩的对接。

"呈色意向设置"可选择：知觉优先、相对色度（不模拟纸白）、饱和度优先、绝对色度（模拟纸白）。设置好后点击"创建DeviceLink ICC"，生成DeviceLink ICC文件（图1-64）。

(10) 循环校色

通过循环校正可使色差逐步缩小至符合印刷要求，满足印刷追样要求。

单击"打印"，应用前面的ICC数据打印出ECI2002色靶图。等待10分钟，点击"测量"开始测量。测量方法与上述相同。测量完成后，回到主窗口。然后，单击"计算"，"结果"处将显示Delta E数值，第一次的数据是与第6步印刷源之间的比较，结果一般大于1。此时开始循环校色，即重新打印、测量、计算，一般经过两次循环后，色差值就能减低至1左右。"循环次数"记录了循环的次数。色差算法公式可自行

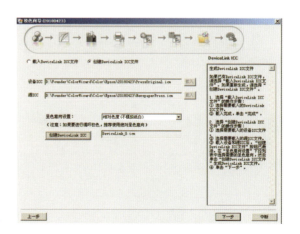

图1-64　创建设备连接ICC文件

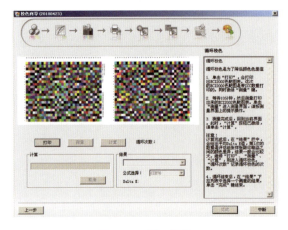

图1-65 循环校色

选择。

当色差值降低至足够小的时候,一般小于1,可单击"完成"终止校色。畅流系统将自动保存色彩管理文件,并退出校色向导(图1-65)。

5. 实施建议

① 数码打样建议使用原装墨水与打样纸张。

② 比较稳定的数码打样质量建立在纸张和墨水稳定的基础上,完成色彩管理以后不建议更换其他品牌的纸张和墨水。

③ 如果色彩出现较大色偏,一般可通过方正畅流系统的"二次校正"进行日常调整。

④ 数码打样是与胶印机的色彩匹配,如果胶印机状态变化较大,也可能让色彩难以一致,所以日常需要做好胶印机的维护及印刷工艺的稳定工作。

任务知识

一、颜色管理

在数字印刷流程中,数字原稿会先经过印前设备进行输入及编辑,如数码相机、扫描仪或显示器等,再通过输出设备进行复制,如数码打样机、数字印刷机或胶印机等。但是很多时候,我们会发现最终印刷出来的产品颜色与最初的原稿不一致,或者不同设备印刷出来的颜色不一致,甚至同一台设备不同时间印刷的色彩也不一致。如何解决复制过程中颜色一致性的问题呢?在这一部分,我们提出一个新课题:色彩管理。

通过印刷色彩知识的学习,我们已经了解到不同设备都有自己表达颜色的模式以及色域空间。色彩管理就是建立在色彩学基础上,解决色彩复制问题的一整套方案。

1. 认识色彩管理系统

色彩管理的实现需要色彩管理系统(CMS)来支撑。色彩管理系统是关于与彩色图文信息相关的设备(媒介)间颜色特性转换关系的一种管理系统。其目标是形成一个色彩语言翻译的环境,使得支持这一环境的各种设备(扫描仪、显示器、数码印刷机等),在色彩信息传递方面相互匹配,实现色彩前后一致,达到"所见即所得"。其基本思路是:选择一个与设备无关的参考颜色空间,然后对整个复制流程的各个设备进行特性化描述,最后在各个设备的颜色空间与参考颜色空间建立确定的对应关系(图1-66)。通俗

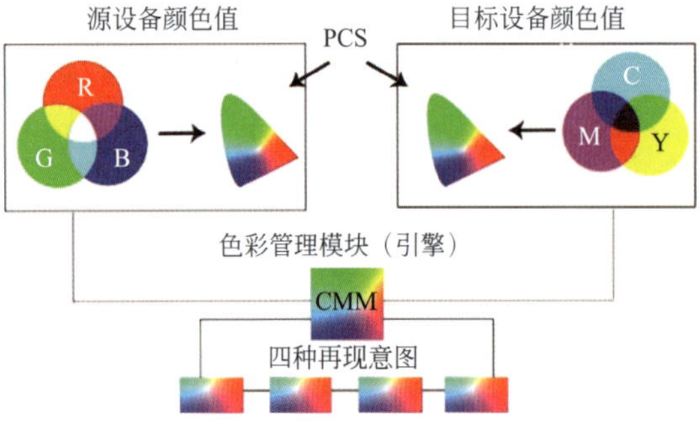

图1-66 色彩管理系统

地讲，在印刷的复制流程中，不同的设备就好像说着不同的颜色语言，原稿的颜色就好比在不同设备之间进行颜色语言的翻译，从而保证颜色在复制前后的一致性。

国际色彩联盟（International Color Consortium，简称ICC）为了实现多种设备环境中色彩信息共享，制定了一个跨平台系统的色彩管理标准（ICC标准）。在这一标准中，制定了设备色彩描述文件（ICC Profile）的格式、类型以及转换机制。

ICC色彩管理系统主要由三部分构成：

① 色彩连接空间（PCS）。作为色彩空间转换的桥梁，通过两次色彩空间转换来实现颜色的跨设备再现，通常选取CIE XYZ或CIE Lab这样的设备无关色彩空间；

② 设备色彩描述ICC文件（ICC Profile）。记录了设备色彩特征化信息，主要包括设备颜色空间与色彩连接空间（PCS）的转换关系；

③ 色彩管理模块（CMM）。实现图像的跨设备再现，即根据设备色彩特征化信息，将图像的色彩信息从源设备的色彩空间转换到目标设备的色彩空间。

2. 色彩管理的步骤

色彩管理的过程包括校正、特征化和转换，简称为"3C"，即Calibration（校正）、Characterization（特性化）及Conversion（转换）。

（1）校正

校正也叫标准化，是使各有关设备达到其出厂规定的标准参数。校正是为了保证设备在色彩信息传递过程中处于稳定而优良的工作状态，这就好比我们在称量物体质量之前，对天平进行调零一样。不同的设备因为工作原理不同，校正的方法当然也不同。

（2）特性化

当设备校正后，就需要将设备的颜色信息特征记录并存储下来，即确定各输入输出设备的颜色范围，这就是特性化过程。特性化的目的就是获得设备的ICC特性文件。复制流程的每一种设备都具有其自身的颜色特性，为了实现准确的色彩空间转换，必须对设备进行特性化。有了这些ICC文件，从设备色彩空间向设备无关色彩空间进行转换时就架起了一个映射的通道。

（3）色彩转换

在对复制流程中的设备进行校准的基础上，利用设备ICC特性文件，以色彩管理模块（CMM）为转换引擎，实现各设备色空间之间的正确转换。

3. 色彩管理的再现意图

由于输出设备的色域要比原稿、扫描仪、显示器的色域窄，因此在色彩转换时需要对色域进行映射，色域映射在色彩管理中有四种方式（也称再现意图）。

（1）相对比色

对于目标空间色域外的色彩，用色差最接近的颜色来复制的方法，并且用源空间白场对应到目标空间白场。它保留了更多原来的颜色，适合色域空间差别不太大时的转换（图1-67）。

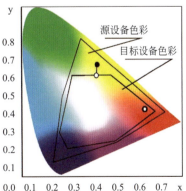

图1-67　相对比色示意图

（2）绝对比色

模拟纸白，不进行源空间与目标空间的白点匹配，对落在目标色域内的颜色不做任何改变，超出目标色域的颜色则被简单剪切掉，不适合常规转换，适合于数码打样（图1-68）。

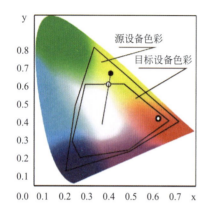

图1-68 绝对比色示意图

（3）可感知

这个选项使用色域压缩的方法，保持色彩间视觉关系，色彩准确性不高，适合复制色域广的图片，如摄影照片。图1-69所示为可感知再现意图色域示意图。

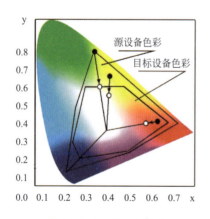

图1-69 可感知示意图

（4）饱和度优先

在尽可能保持颜色准确性的基础上强调饱和度，对颜色饱和度的要求高于颜色色相准确性（图1-70）。此再现意图适合对表格、图形、地图类图片的复制。

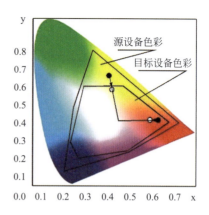

图1-70 饱和度优先示意图

二、ICC特性文件

狭义的ICC特性文件称作设备特性文件，在Photoshop中也叫作配置文件。一般来说，该文件是描述某个具体设备（扫描仪、显示器、打样机等）所能再现的颜色范围以及颜色数据与Lab颜色模式之间关系的一种文件。以Photoshop常用的Japan Color 2001 Coated.ICC为例，它里面包含了制作该ICC时取样的CMYK值与Lab颜色值的对应关系，其他CMYK颜色依靠插值计算其Lab值（图1-71）。但实际上ICC特性文件除了设备特性文件外，还有一些其他类型的特性文件。

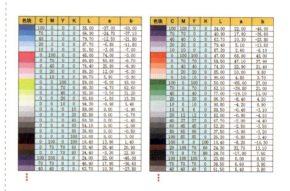

图1-71 ICC内部CMYK值与Lab颜色值的对应关系

ICC一共规定了七种类型的特性文件。它们分别是：输入设备特性文件、显示设备特性文件、输出设备特性文件（以上为设备特性文件）、设备连接特性文件、颜色空间转换特性文件、抽象的特性文件和命名颜色特性文件。

1. 输入设备特性文件

即通常使用的扫描仪、数码相机的ICC文件。输入设备ICC文件是单向的。在色彩管理中，扫描仪、数码相机只能作为源设备。尽管输入设备ICC文件是一个RGB的ICC文件，但它不能作为Photoshop等软件RGB工作空间使用，Photoshop等应用软件的RGB工作空间必须使用显示设备特性文件。在Photoshop中，图像要使用输入设备ICC文件，只能选择"指定配置文件"命令，将图像的色彩空间指定为输入设备的ICC文件（图1-72）。

图1-72　输入设备特性文件在Photoshop中的应用

2. 显示设备特性文件

即通常说的显示器ICC文件。显示器ICC文件可以被系统调用为显示系统的配置文件（图1-73）。

图1-73　显示器ICC文件在操作系统中的应用

显示器ICC文件可以自己制作，也可以使用sRGB和Adobe RGB（1998）这些通用虚拟的ICC文件。它也可以作为Photoshop颜色管理的RGB工作空间使用，甚至还可以被输入设备和输出设备调用，比如很多常规扫描仪和低端桌面打印机都默认使用sRGB颜色配置文件。

3. 输出设备特性文件

即通常所说的打印机、印刷机的ICC文件。它一般是基于CMYK的特性文件，也有部分打印机是基于RGB模式。它不但可以被输出设备（如打印机）调用为颜色特性文件，还可以作为Photoshop中颜色设置的CMYK工作空间使用。一般来讲，输出设备ICC文件的色域空间较小，这主要是受纸张、墨水或油墨等材料的呈色方式所限制。

输出设备ICC文件需要自己制作，如果对色彩复制精度要求不高也可以使用Japan Color 2001 Coated.ICC等这些通用虚拟的ICC文件（图1-74）。

图1-74　通用虚拟的输出设备ICC文件

4. 设备连接特性文件

一般的色彩转换都要通过PCS来中转实现，设备连接特性文件允许从设备到设备的直接转换。它是一种特殊类型的ICC文件，需要专门的色彩管理软件，如 ProfileMaker 或者 MonacoProfiler 来生成，常用的软件如 Photoshop 等都不支持。

设备连接特性文件将两个设备特性文件合并成一个特性文件，可缩短色彩转换时间，往往用在方正畅流或者类似的数字流程中，不能直接嵌入图像中使用。

5. 颜色空间转换特性文件

颜色空间转换特性文件主要用来进行和设备无关的颜色空间之间的转换，如从 Lab 到 Luv 之间的转换。这类特性文件可以嵌入图像文件中，但这种特性文件使用得很少。

6. 抽象特性文件

抽象特性文件提供将色彩数据在 PCS 空间进行转换的方法以满足用户的特定需求，用于图像在设备连接空间（如 Lab）内部的颜色转换，不能嵌入具体的图像文件。在实际应用中很少见，也基本没有支持这种转换的软件。

7. 命名颜色特性文件

命名颜色特性文件用来支持命名颜色系统，如 Pantone（潘通）、Focoltone 等颜色系统，为这些颜色系统与设备无关的 Lab 颜色空间建立名称与色值的关系。同时，通过 Lab 将这些颜色名称与设备颜色数值建立对应关系，可保证命名颜色系统能尽可能地通过常规设备复制出来。

色彩管理需要将一系列 ICC 特性文件与复制流程中的每个设备分别进行关联，也就是说每台设备一般都有与它相匹配的一个或多个特性文件。ICC 特性文件有的由硬件制造商或第三方厂家提供，有的必须由自己制作生成。值得注意的是，对于某个具体的设备，随着设备状态的变化，需要重新制作该 ICC 特性文件，要不就必须严格做好设备的维护，使其始终工作在正常而稳定的状态，才能保证该 ICC 文件一直有效，这也是色彩管理中最困难的地方。

问题思考

1. 印刷复制流程经过色彩管理以后，复印前后的颜色是否能够完全一样？
2. 在印刷行业中，色彩管理难于实施，主要是因为哪些因素？
3. 色彩管理的基本步骤及各步骤的实施目的是什么？
4. 色彩管理常使用的色标有哪些？各用在哪些环节？

能力训练

分别在 Adobe Photoshop、Adobe Illustrator、Coreldraw、Adobe Indesign、Acrobat 等专业软件中进行色彩管理设置。

项目一　认识数字印刷

任务四　开始数字印刷

所谓数字印刷，指电子档案由电脑直接传送到印刷机，而无需分色、拼版、制版、试车等步骤。它把印刷带入了一个最有效的工艺过程：从输入到输出，整个过程可以由一个人控制，实现一张起印。这样的小量印刷很适合四色打样和价格合理的多品种印刷，在图书印刷市场也将会受到欢迎。

数字印刷是与传统印刷相并列的一类印刷方式。它与传统印刷一样，仍需要必要的印前处理，但印前处理所形成的数字文件，输出途径不相同，数字印刷可以直接输出纸张（不需要印版），也可以存储在系统中或通过数字网络传输到异地，最后，根据顾客的订货需求再完成印刷输出，从而形成一种建立在"数字流程＋数字媒体/高密存储＋网络传输"基础上的一种崭新的生产方式。数字印刷的基础技术就是网络技术，它是印刷行业数字化的结果。

可变数据信息印刷是数字印刷最为典型的表现方式，可变信息印刷有时又被称为个性化印刷（Personalized Printing）、一对一印刷（One to One Printing）等，但可变数据印刷（Variable Data Printing，简称VDP）这个命名无疑是最形象、最恰当的。因为可变数据印刷与传统印刷最大的区别就在于同一印刷过程中，各个印刷产品的部分或所有印刷要素如文字、图形、图像等格式和内容都是可变化的，是不尽相同的。

由于每张印刷品都具有独特的图文页面，都带有某个客户的"个性"，看起来像是专门为该客户单独设计、印刷的，是完全定位于客户和市场的，所以VDP产品可以在市场竞争中取得最大的投资回报率，这无疑是最吸引VDP客户的。据一份国外机构权威调查表明，通过VDP印刷的产品，其被关注的程度平均会提高34%。另外，VDP还可以拓展为其他许多方面的形式，例如短版印刷、按需印刷、异地印刷等。这也为印刷企业全方位多渠道发展业务、开拓市场创造了必要的条件。

其实，在传统印刷中，人们早就考虑要实现某种程度上的图文可变性和个性化，例如可以在印刷过程中通过预先套印或叠印可变信息要素来实现。这其实就是VDP最初发展阶段的所谓定制数据印刷方法，但是，真正能实现可变信息印刷必须是建立在数字印刷技术基础之上的。当然，真正意义上的可变数据印刷技术应该具有从印刷单元某一选择好的区域中创造不同图文的能力，这一点一般是通过检索预先创建好的客户数据库信息来实现的。

任务实施　JDF数字化工作流程管理

JDF（Job Definition Format）即活件描述格式，它可以采用一定的方法来描述印刷过程中的各个作业，从而使用户能对工作流程中的各个作业进行有效控制。JDF不是一个软件或者一种产品，而是印刷行业广泛的工业标准。它适合于任何厂商，使所有的制造商、销售商和印刷厂都可以开发使用基于JDF的工作流程系统。

JDF可涵盖印刷工作流程的各个环节，能为设计、印前、印刷、印后以及送货等环节赋予统一的标准格式，实现格式标准化的统一，并进行有效的控制。

1. 任务解读

利用方正畅流数字化工作流程软件，经过规范化、预飞、折手、拼版工艺处理后，将提前制作好的图文信息进行印版的制作及输出。

2. 设备、材料及工具准备

① 设备。柯尼卡美能达数码印刷机、裁切机、覆膜机等。
② 材料。纸张A3幅面。
③ 工具。直尺、剪刀、中性笔、笔记本、手机（用于拍摄过程图片）、U盘（或其他存储设备）、笔记本电脑（每组一台）等。

3. 课堂组织

分组，5人1组，实行组长负责制。上课之前，教师为每组组长说明实践中需要完成的任务以及需要做的准备，包括项目工作过程考核指标，评分方法（考核表，见表1-2）、项目实施方案（图1-75）、现场笔记（图1-76）。每人领取1份实践现场笔记，输出结束时，教师根据学生调节过程及效果进行点评，现场按评分标准在报告单上评分。

表1-2 项目实施过程考核表

班级		项目名称	无渐变单色数字印刷工艺（环保袋）	第____组成员名单		
具体工作任务及考核（满分100分）：						
项目工作任务	考核指标（打√）		完成情况/存在问题	提交材料（打√）		分数
资讯阶段（10分）	查找与项目有关资料□； 主动咨询□； 认真学习项目有关工艺知识□；团队积极研讨□； 团队合作□； 拍照□			研讨会议记录□		
计划与决策阶段（10分）	1.完成计划方案（4分） 积极研讨□；计划内容详细□；格式标准□；思路清晰□；团队合作□ 2.分析方案可行性（4分） 工艺合理□；项目条件充分□；分工合理□；任务清楚□；时间安排合理□；团队合作□；成本分析□；预计成果□；产品质量要求明确□；积极讨论□；拍照□ 3.项目前期工作准备（2分） 任务分配□；材料准备□；工具设备检查□；资料准备□			1.项目计划方案□ 2.会议记录□		
……	……			……		

项目计划方案

教学项目名称：环保袋无渐变单色数字印刷工艺
班　　　级：印刷18338、18339、18340
项目组成员：
指导教师：姚瑞玲
学　　期：2018-2019第2学期

图1-75　项目实施计划方案

实践工作过程现场笔记

教学项目名称：环保袋无渐变单色数字印刷工艺
班　　　级：印刷媒体技术
项目组成员：
指导教师：姚瑞玲
学　　期：2018-2019第2学期

图1-76　现场笔记

4. 数码印刷

① 图文信息制作。

② 启动方正畅流数字化工作流程。

A. 规范化器。接收TIFF、PDF、EPS、PS、PRN、S2、PS2、S72等页面描述文件,将上述文件进行分页,转换成单页面、自包容的PDF文件。

B. 预飞。在输出一个印刷作业前对数据文件进行预检,用以发现数据文件在页面、图片、文字等各方面的问题,最大限度地避免时间和成本的浪费,保证正确的输出结果。

C. 折手处理器。将多页的小页文件,按对应位置以特定方式拼成大版,以便印刷后经过折叠,再现出设计者意图的页序。图1-77所示为进行双面印刷时折手处理的界面,图1-78所示为页面置入后的样张效果。

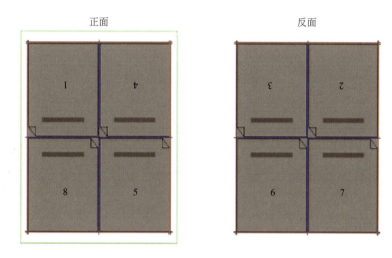

图1-77 折手处理

D. 拼版。拼版在作业中作为独立的处理器节点存在,前后均不与其他节点相连。它接受规范化器处理、边空调整、页面裁切、自动合版、PDF合并、PDF工具处理等节点处理后的文件。拼版前,用户需向"拼版"节点手动提交要拼版的页面。拼版作业如图1-79所示。

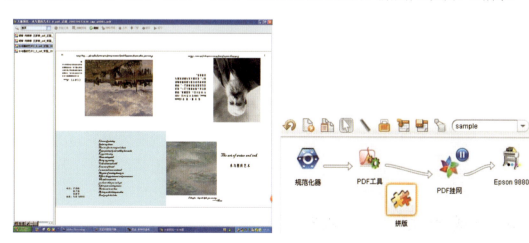

图1-78 折手处理后的样张效果　　　　图1-79 拼版作业

准备工作的参考步骤如下：

a.打开或新建一个作业。

b.添加节点，确保作业中至少包含"规范化器"和"拼版"节点。

c.选取文件，提交"规范化器"处理。

d.选中规范化后的页面文件，手动拖拽至"拼版"节点上。

E.RIP前拼版。先将页面拼成大版再RIP，即先完成各个页面的排版及不露白，接着进行各页面的拼大版作业，然后将此文档送到RIP进行处理。

F.RIP后拼版。先RIP页面，再拼大版。这种方式适合包装、标签类印刷范围。

G.点阵导出。将PDF挂网以后的文件为点阵文件，后端的输出设备应该是照排机和CTP。输出模块后端是Eagle Blaster，它的作用是将畅流系统与输出设备相连。Eagle Blaster同时完成自动拼页和点阵预览的处理。

H.色彩管理。

I.数码印刷/数码打样。数字化工作流程中通过RIP前打样（常用）或RIP后打样程序连接数码打样设备或数码印刷设备进行样张的打印，完成数字印刷。

G.数字印刷质量检测评价。依据印刷质量检测评价方法对样张进行颜色、阶调、文字元素、图形、图像元素、线条清晰度、圆度等的评价。

任务知识

一、静电成像数字印刷技术

1.光导体结构

光导体的基材为铝或铝合金（Aluminum Substrate），其上有3层材料以形成光导体的结构（图1-80）。第一层为吸附层或氧化层（Adhesive Layer or Metal Oxide Blocking Layer），约5μm；第二层为感光层，亦为电荷产生层（Charge Generation Layer，CGL），约0.1～0.5μm，此层的组成材料为染料，其作用是曝光以后产生正电荷；第三层为导电层，亦为电荷传导层（Charge Transport Layer，CTL），约10～20μm，其作用是将负电荷传导至第二层，将曝光后所产生的正电荷中和。

在电子成像技术中，多层有机光导体的传输过程是通过CTL与CGL来共同完成的，就带负电的结构而言，光导体充电、放电的过程可以分成以下三个步骤。

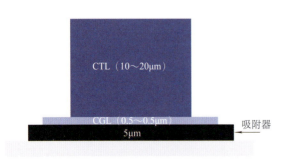

图1-80　光导体结构

（1）由于CTL表面带负电

首先，必须对光导体表面充负电（Charging），使其表面产生-650V的静电压。由于电荷之间"异电相吸、同电相斥"的原理，在光导鼓的表面会形成一层均匀的极性电荷。

（2）在电荷传导层（CTL）上曝光形成正电

此时，如果对有机光导鼓表面进行曝

光，由于电荷传导层（CTL）可被光线穿透，故光线可以打在电荷产生层（CGL）的染料上，生成电子和空穴电荷对，染料的负电荷（电子）经由吸附层传导到铝质材料上，空穴（正电荷）则保留在电荷产生层。

（3）正负电中和

此时，光导体上的负电荷受电荷产生层（CGL）正电荷的吸引，光导鼓表面负电荷会由CTL传至CGL，并与之中和，使表面电位下降。没有曝光区域，表面电荷被保留下来，从而形成静电潜影。

电荷产生层（CGL）中产生的空穴被表面电荷中和的时间越短，表面电位衰减得越快，这就意味着该光导材料具有高速的光响应。此外，在一定的曝光能量下，电荷产生层（CGL）中产生的电荷量越多，表面电位衰减得也越快，这也就是所谓的高感度。

2. 静电印刷用的光导体材料成像性能

当对版面进行电晕充电时，版面的电位随时间而逐渐上升，当达到某一电位值后即不再上升，即达到所谓的"饱和电位"。停止充电后，在暗处表面电位也会缓慢衰减，称为"暗衰"。"光衰"是指光导体受光照部位感光版表面电位迅速下降的过程。其中，V_s为光导体表面的饱和电压；V_0为光导体曝光时的工作电压；V_r为曝光后残余电位；V_s-V_0表示暗衰阶段；V_0-V_r表示光衰阶段。

（1）光敏性

静电印版的光敏性通常是由充了电的光导层在曝光时表面电位衰减的速度来衡量的。当表面受到光照时，其电位迅速下降，此下降的时间即可用来衡量光敏性的大小。通常以开始曝光时的起始电位V衰减一半所允许的时间（常用半衰期$t_{1/2}$表示），或衰减到残留电位达50V时所允许的时间，乘以光导薄膜表面的光的照度来表征光导版的光敏性。即：

$$光灵敏度 = 照度（lx）\times 时间（s）$$

此值越大，光敏性就越低；此值越小，则光敏性越高。此外，光敏性还与所用的光源有关。在印刷过程中，一般要求感光鼓曝光后放电要快，即光衰迅速。

（2）光谱响应范围

光谱响应范围也就是通常感光材料上所说的感色性，即光导体对哪些波长的光容易感光。影响光导体感色性的因素有：①光导体本身构成材料，不同光导材料的光谱响应范围是不同的，无定型的硒与硒合金这两种光导材料的光谱响应区并不一样；②光导体中增感成分及杂质效应，即使同一种光导材料，由于不同的增感成分、杂质效应所得光导体的光谱响应范围也是不同的，如白色氧化锌的光谱响应原来是在紫外区，但加入不同增感剂后，就移到可见光谱区了；③光导体制备工艺及制备条件，当制备工艺条件做出适当的改变，光谱响应范围也会有显著的改变，例如同样是使用硒或硒合金，由于镀膜时的温度不同，光谱响应也不相同。

（3）饱和电位

当光导材料层在暗处充电时，膜层表面所能承受的电荷量并不是一直可以递增的，因为随着充电的进行，光导膜的电阻将会降低，也就会使电流流过光导材料层，从而使电荷流失。因此，当充电继续进行到一定程度，膜层上电荷的沉积和漏失一样快，这时表面电位就不再增加，而达到了所谓的"饱和电位"值。"饱和电位"值的高低与光导材料本身的性质和膜层厚度有关，它是决定印刷图像反差量的一个重要因素。

(4) 电荷的保持力

电荷的"保持力"是光导版上的"静电潜像"能够保持的时间,它取决于版上电位的暗衰减速度,是光导版有效暗电阻的函数。在进行印刷的过程中,若充电之后曝光和显影的时间间隔都较长,则良好的"保持力"就成为重要的因素。影响电荷的"保持力"的因素有光导材料自身的性质、光导材料制备和后处理方法、光导材料的贮存方式及使用时的空气相对湿度。

(5) 残余电位

残余电位是指表面电位大体上随时间呈近指数式下降后剩下的缓慢衰减部位的电位,通常都取时间标准,例如规定曝光1s或0.8s时留下的表面电位值即残余电位。各种不同的光导材料的残余电位值是有相当差别的。残余电位的存在导致的问题是既影响潜像的反差,又会带来打印品的"底灰"。例如,残余电位过大,会导致电位反差过小,最终所得图像的反差会很小。

(6) 疲劳现象

由于光导材料经过充电、曝光等过程重复循环使用,到一定时候总要发生一种叫作"疲劳"的现象。图1-81所示为新的光导版与已经疲劳的光导版的充电和电位衰减曲线,从中得出如下结论:

疲劳的光导版充电后,表面电位比较低,表面电位上升时间较长,"暗衰"和"光衰"速度都较快,残留电位较高。所以,当光导鼓使用到一定的时间后,就该考虑更换。

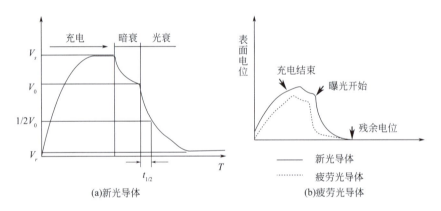

图1-81 光导体对比

3. 静电成像基本工艺过程

静电数字印刷技术的印刷过程与卡尔森的静电复印过程相仿,可以分为以下几步:充电→曝光→显影→转移→定影→清洗(图1-82)。

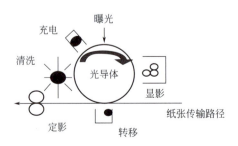

图1-82 静电成像基本工艺过程

1）充电

充电过程就是使数字印刷机的感光鼓表面均匀地覆盖上一层具有一定极性和数量的静电荷，结果如图1-83所示。这一过程实际上是感光鼓的敏化过程，使原来不具备感光性的感光鼓具有较好的感光性。充电过程是在感光鼓表面形成静电潜像的前提和基础，是为感光鼓接受图像信息而准备的。

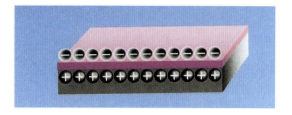

图1-83　充电

2）曝光

感光鼓的表面一般是涂布，即具有光导性的涂层，感光鼓见光区域的电阻小，表现出导体的特性，感光鼓非见光区域的电阻大，表现出绝缘体的特性。在曝光区域的光导体涂层内的电荷生产层吸收光线而产生与涂层表面电荷极性相反的电荷，经电荷转移层转移到涂层表面中和表面电荷。非曝光区域的表面电荷依然保持，从而在感光鼓的表面形成表面电位随图像明暗变化起伏的静电潜像的过程（图1-84）。曝光光源通常是扫描激光光束或LED矩阵发出的光束，为了匹配涂层的感色性，建议光源的波长在700nm左右。

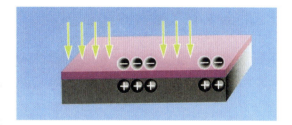

图1-84　曝光

图1-85　显影

3）显影

显影就是用带相反电荷的色粉使感光鼓上的静电潜像可视化的过程。显影时，感光鼓表面静电潜像是在场力的作用下，色粉被吸附在感光鼓上（图1-85）。静电潜像电位越高的部分，吸附色粉的能力就越强；静电潜像电位越低的部分，吸附色粉的能力也相对较弱。静电潜像电位（电荷的多少）不同，其吸附的色粉量也就不同。这样感光鼓表面不可见的静电潜像，就变成了可见的与原稿浓淡一致的不同灰度层次的色粉图像。

目前，显影方式有两种：干式显影和湿式显影。

（1）干式显影

即干粉显影，指带电的色粉转移到静电潜影区，在静电场力的作用下，带电色粉自动聚集到潜影上，然后清除剩余的色粉。干粉显影剂可以是单组分或双组分，色粉所带电荷与潜影的电荷相反。采用干粉色粉显影的主要有赛康、施乐、爱克发、佳能、IBM以及海德堡和曼罗兰等公司的设备。

以双组分墨粉显影为例，其特点为：①墨粉吸附在（磁性）载体表面，这种吸附为物理吸附，被载体搬运到光导体表面，载体承担着搬运工的角色，实现色粉的高速搬运任务；②墨粉在静电潜影形成的电场力作用下摆脱与载体间的物理吸附力的束缚，高速飞向静电潜影，附着在光导体表面实现显影，通常显影过程可以在0.1秒量级内完成。

墨粉尺寸决定了最终图像的分辨力。例如：通常单个墨粉的平均直径为8nm，如果再现图像上最小线宽至少由5个色粉构成，那么图像的分辨率是多少呢？

最小线宽的限度大小为：8nm×5=40nm，分辨率为：1英寸/40nm=635dpi。

（2）湿式显影

即液体显影，其中墨粉悬浮于绝缘液体中，既能获得电荷，又能作为显影的调色剂。由于粒子是在液体中的，所以这时采用电泳原理实现显影。采用液体显影技术的主要是HP Indigo，其成像系统的分辨率更高，印刷质量好。这类显影液的特点在于：①色粉分散容易，不易聚集；②色粉尺寸小，一般在1nm左右；③可以实现高分辨率输出，输出分辨率为干式色粉显影的8～10倍，即4800～6000dPi；④需要适当的溶剂回收装置。

4）转移

转移就是用承印介质贴紧感光鼓，在承印介质的背面施加与色粉图像相反极性的电荷，从而将感光鼓已形成的表示图像信息的色粉转移到承印介质上的过程。当承印介质与已显影的感光鼓表面接触时，在纸张背面使用电晕装置对其放电，该电晕的极性与充电电晕相同，而与色粉所带电荷的极性相反。由于转印电晕的电场力比感光鼓吸附色粉的电场力强得多，因此在静电引力的作用下，感光鼓上的色粉图像就被吸附到承印纸上，从而完成了图像的转印。转移过程如图1-86所示。

5）定影

定影就是把承印材料上的不稳定、可抹掉的色粉图像在承印材料上固着的过程，以形成最终的印刷品。针对不同的显影方法，定影方法也不同，如干式显影通常采用加热方法，有时也采用加热与加压相结合的方式，对热熔性色粉进行定影。加热的温度和时间以及加压的压力大小，对色粉图像的黏附牢固度有一定的影响。其中，加热温度的控制是图像定影质量好坏的关键。如果热量过多，彩色图像在纸张表面就会发生变形，最终会引起纸张传递问题。而湿式显影则多用蒸发的方法来定影。定影过程如图1-87所示。

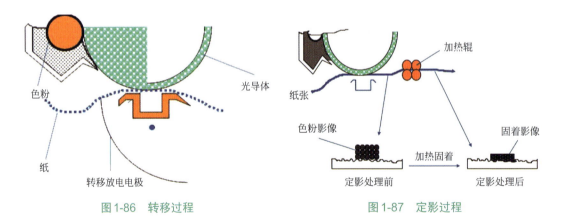

图1-86　转移过程　　　　　　　　图1-87　定影过程

选择定影方式时，可以针对色剂与载体的性质采用综合有效的方法进行，以达到定影效果才是最终目的，如HP Indigo就是采用蒸发与加热相结合的方法。

6）清洗

清洗就是清除经转印后还残留在感光鼓表面色粉的过程。这也是静电成像的无版特征的重要体现，真正实现了可变信息的印刷。由于色粉图像受表面的电位、转印电压的高低、承印介质的干湿度以及与感光鼓的接触时间、转印方式等影响，其转印效率不可能达到100%，在大部分色粉经转印从感光鼓表面转移到承印介质上后，感光鼓表面仍残留有一部分色粉，如果不及时清除,将影响到后续复印品的质量。清洗感光鼓表面残余色粉的主要方法是机械法,也就是采用刷子或抽气泵清除掉滚筒上残余的色粉,对于滚筒表面的残余电荷则采用对滚筒表面进行全面曝光而得到统一的电荷。

4.静电数字印刷机的功能部件

静电印刷的过程可概括为三个主要步骤:潜像生成、图像显影和图像转印。所涉及的功能构件分别包括:潜像生成过程主要是光导材料及相应的辅助构件、充电装置和曝光装置;图像显影过程主要是供"墨"装置、显影装置;图像转印过程主要是转印装置。此外,一次成像结束后,还要有清洁与消电过程,为下一个工作循环做准备。所以,清洁与消电过程也是印刷系统中不可或缺的过程。

1)成像系统

目前,静电印刷系统的常见成像方式有4种,分别为:①旋转镜光学偏转成像系统;②LED(二极管)阵列控制曝光成像系统;③带数字微镜装置的曝光成像系统;④带光阀控制的曝光成像系统。

在旋转镜光学偏转成像系统(图1-88)中,受控激光照射到旋转镜上,经旋转镜的偏转照射到经过充电后的光导鼓表面,形成静电潜影。

在LED(二极管)阵列控制曝光成像系统(图1-89)中,是把LED元件按记录要求像素数配置成直线状、自聚集透镜阵列、塑料透镜阵列或等腰反射镜阵列,进而构成等倍成像光学系统,进行图像曝光。LED阵列光学系统可以使光学系统小型化。

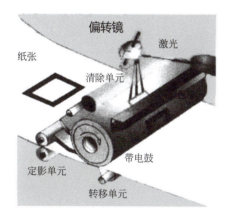

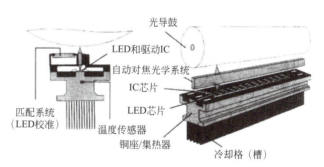

图1-88 旋转镜光学偏转成像系统　　　图1-89 LED(二极管)阵列控制曝光成像系统

带数字微镜装置的曝光成像系统(图1-90)中具有一个面阵列的数字反射微镜系统和常规紫外光源,微镜系统集成了数十万个微小的反射镜,每个反射镜的反射状态都可以通过计算机控制,因此从其上面反射的光束可以得到On/Off两种状态的调制,从而完成数字曝光控制。

在带光阀控制的曝光成像系统(图1-91)中,将常规的汞灯发出的紫外光束引导进入光阀,对紫外光束进行调制,控制光束的工作状态(On/Off状态),然后再经过光导纤维将调制后的光束引导到印版表面,对印版进行曝光。光线按照线阵列排列,覆盖了印版的整个幅面,因此主扫描不涉及任何光学部件的机械运动,极大地提高了曝光扫描的速度。

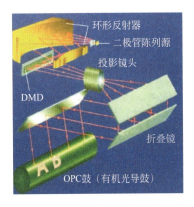

图 1-90 带数字微镜装置的曝光成像系统

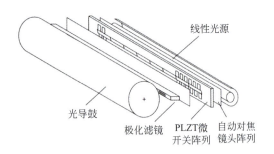

图 1-91 带光阀控制的曝光成像系统

2)着墨系统

在静电成像设备中,着墨系统又称显影系统,它的作用是向成像载体(光导鼓或者光导带)传输色粉,使静电潜像可视化。静电数字印刷设备的着墨系统应根据设备的充电过程、采用的色粉系统(单组分色粉、多组分色粉系统等)以及印刷机印刷速度的要求来配置的。一般着墨系统要求既能使用单组分色粉,又能使用双组分的粉状以及液体色粉。

图 1-92 所示为静电数字印刷设备的显影装置。在显影装置中,载体颗粒和色粉微粒必须经过充分混合后,才传输给显影辊。目的是通过摩擦,使色粉均匀带电。显影装置的核心部件是显影辊,又称磁刷,主要作用是将使色粉转移到光导鼓上。图 1-93 所示为柯达静电数字印刷设备的磁刷结构。从图中可以看出,内层磁体辊(磁芯)和外层的应用辊反向运动,作用是将色粉均匀转移到光导鼓表面。应用辊的表面与光导体表面距离大约 0.3mm,应用辊表面的色粉通过动态运动形式提供给接收光导体。光导体表面具有电荷的部分区域吸引色粉,并显影出电荷潜像,同时,载体微粒返回处理器,接受下次传输任务。

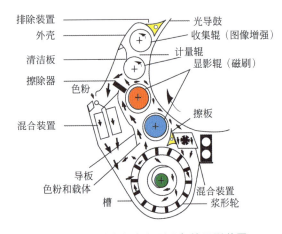

图 1-92 静电数字印刷设备的显影装置

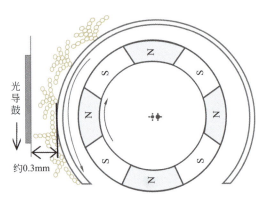

图 1-93 用于色粉转移的磁刷结构

3)定影和清洁系统

在静电成像印刷中,色粉图像转移到纸上后要进行定影一般采用压力和热能定影。为了得到充分的定影效果,色调剂必须从固体状态转变为液体状态一般是把色调剂软化,待熔化后使其渗入纸纤维中。伴随着能量的施加,色调剂从半熔扩展到浸透,从而完成了定影。从固体向液体变化,色调剂的玻璃转换温度是很重要的特性。在温度与压力作用下,色调剂黏着特性的控制也是很重要的。

静电成像数字印刷设备中定影装置的作用是通过熔化承印材料上附着的色粉,使色粉牢固固着在承印材料表面,同时,印刷品也可以借助于定影装置的热/溶/压等作用来改善表面质量。在实际生产中,定影有两种类型:第一种是通过辐射热的热进行定影,此时热源与承印物表面不接触;第二种是直接通过热源的热接触承印物表面,利用热传导达到定影。图1-94所示为奥西定影装置,是通过热和压力作用将色粉定影于承印材料表面的。

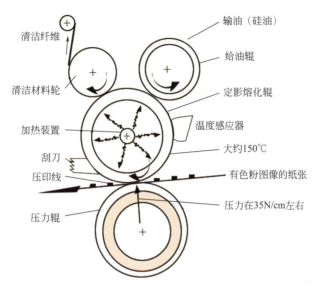

图1-94　奥西定影装置

在定影处理中,定影温度(定影辊与承印材料接触点的温度)一般设置在150℃左右。如果温度过高,会导致纸张变脆,同时也影响到成像质量;如果温度过低,将达不到熔化色粉的效果。定影辊和压力辊之间的压力设置在35N/cm左右,如果压力过小,将达不到定影的效果;压力过大,会导致印刷纸张的变形,如卷曲现象,使印刷纸张不平整,严重的会引起印刷输纸故障和因配帖不齐引起印后加工故障。

在定影过程中,输入硅油的原因是当定影装置接触表面附有色粉图像的承印材料时,有可能出现部分色粉不是完全固着在承印材料表面,而是被定影装置给带出的现象,这对印刷品而言会影响到成像质量,而对定影辊而言,长期累积效应会影响到辊子使用寿命,因此,通过给定影辊表面涂布一层硅油,可以有效避免这一现象。但带来的新的问题是可能在印刷品表面产生一层光泽,而这种光泽并不是人们想要的。

图像在纸张上定影之后还需要一个清洁光导鼓的过程,即将残留在光导鼓上的电荷和少量色粉微粒给去除。一般采用机械清洁与电子清洁两种方式:机械清洁就是使用刷扫或抽气的方式来去掉残留的色粉微粒;电子清洁则是通过均匀的表面照明来完成,中和表面的电场,并除去色粉微粒。

5.静电成像的技术特点

静电成像技术具有以下特点:

① 对承印物及色粉(普通颜料)均无特殊要求,可实现黑白及彩色印刷。

② 单个像素的多值阶调数（但色深很小）。
③ 综合质量可达到中档胶印水平。
④ 印刷速度可达到每分钟数十张至数百张。
⑤ 与其他成像系统相比，价格偏高。静电成像体系的价格受制于色粉的价格，有待进一步降低。

二、喷墨成像数字印刷技术

最早出现喷墨（Inkjet）这个概念是在20世纪60年代，到了70年代，随着计算机技术的迅速发展，出现了连续喷墨和按需喷墨技术和系统，市场上已经可以看到商用的喷墨打印机。进入20世纪80年代后，热气泡喷墨技术问世，随着广告市场的复兴，适应户外广告需求的彩色喷绘机、彩色打样机陆续出现在国际市场上。到了20世纪90年代，喷墨印刷在技术上不断完善，应用领域不断扩大，开始在印刷的所有专业及相关领域，包括商业出版、彩色打样、票据印刷、商标印刷、防伪印刷及包装印刷等得到广泛应用。

喷墨印刷是一种无接触、无压力、无印版的数字成像技术，省去了传统印刷方法所需的制版设备、版材及胶片等耗材，而且能在不同材质及不同厚度的平面、曲面和球面等异型承印物上印刷，不受幅面大小的限制。它将电子计算机中存储的信息输入喷墨印刷机进行印刷，具有无版数字印刷的共同特征，即可实现可变信息印刷。具体而言，它将油墨以一定的速度从微细的喷嘴射到承印物上，然后通过油墨与承印物的相互作用实现油墨影像再现。

1.喷墨印刷技术分类

喷墨印刷的基本原理大多是先产生小墨滴，再将小墨滴导引到承印物设定位置上，从而完成影像的再现过程。根据喷墨系统中墨水喷射的基本方式（墨水喷射是否连续），可以将喷墨技术划分为连续喷墨（Continious）和按需喷墨（Drop-on-Demand）两大类（图1-95）。

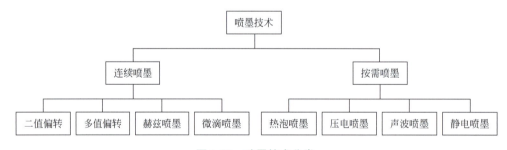

图1-95　喷墨技术分类

连续喷墨所喷出的墨流是连续不间断的，如图1-96所示，借助于压力的作用，通过细小的喷嘴，在高速状态下分散成细小的墨滴。当每一个墨滴离开喷嘴的时候被充以静电荷，通过改变电场的有或无来实现在承印物上的印刷，如果某点需要被喷墨，不给墨滴施加电场力它就会直接到达承印物表面；如果该点不需要墨滴的话，就给它施加一个电场的偏转力，并通过一个墨滴的回收系统将其收回。

按需喷墨也叫随机喷墨或脉冲喷墨，它是将计算机里的图文信息转化成脉冲的电信号，然后由这些电信号来控制喷墨头的闭合，即实现承印物上的图文区或是空白区。

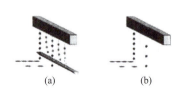

图1-96　连续喷墨和按需喷墨

如果继续按墨滴控制方式或喷射墨滴所使用的物理原理考察喷墨成像技术，人们还可以将连续喷墨和按需喷墨细分为不同的成像方法和喷墨工艺。

连续喷墨包含Sweet喷墨、Hertz型喷墨和微滴喷墨三类，其中，Sweet喷墨又分为偏转和不偏转两类，而偏转连续Sweet喷墨还可分为双态偏转控制和多态偏转控制两种类型。

目前，市场基于上述技术的喷墨设备都有典型代表，例如Memjet、赛天使就提供基于Sweet技术的双态偏转连续喷墨数字印刷系统；Iris Graphics公司提供基于Hertz型喷墨技术连续喷墨数字印刷系统；而日立公司则将Sweet型打印机进行改良，提供微滴喷墨打印机。它们采用区域可调喷墨方法，从而产生非常类似于凹印的连续色调效果。

按需喷墨包含热喷墨、压电喷墨、静电喷墨和声波喷墨等，其中，热喷墨中最常见的是直接喷射型（气泡喷墨），内含顶喷和侧喷两种类型；压电喷墨如果按墨水腔变形方式的不同又可以继续划分为挤压模式压电喷墨、弯曲模式压电喷墨和剪切模式压电喷墨等类型；静电喷墨技术按照现行的技术又可以分为基于泰勒效应型静电喷墨技术、基于热效应黏度控制型静电喷墨技术和基于超声波墨雾喷射型静电喷墨技术三类。相对于连续喷墨系统而言，按需喷墨技术和设备的生产商要更多些，例如惠普、利盟提供热喷墨直接喷射（顶喷）型数字印刷系统；佳能和施乐提供侧喷打印机；西门子和Gould公司提供挤压模式压电喷墨打印机；夏普和爱普生公司提供弯曲模式压电喷墨打印机；爱普生公司还提供拉压模式喷墨打印机；Spectra、Xaar公司提供剪切模式喷墨打印机；松下、NEC公司提供静电喷墨打印机；施乐公司提供声波喷墨成像技术打印设备。

2.连续喷墨成像原理

连续喷墨成像技术的发现要追溯到20世纪60年代，当初西门子的Elmqvist获得第一个实用瑞利（Rayleigh）喷墨设备的专利。这项发明促使全世界第一款使用模拟电压信号控制的商业喷墨打印机Mingograph问世，接着美国斯坦福大学的Sweet博士通过实验发现，通过给喷墨孔加上压力波形可以产生尺寸一致的墨滴，当墨滴的下降机构能被控制时，人们就可以在墨滴刚形成时，给它加上电荷，来有选择性地、可靠地把它喷射到需要的地方，这就是连续式喷墨技术的雏形。

1）Sweet喷墨技术原理

在容器中墨水射流被强制性地通过喷嘴挤出后，很快分裂成墨滴链，但是由于墨水射流离开喷嘴后其表面处于很不稳定的状态，质量有大有小，很难控制。而有关瑞利的研究结果显示，墨滴形成是自发过程，会受到机械振动的影响。如果使机械振动频率约等于墨滴自发形成速率，则墨滴生成过程与换能器的强制性机械振动同步，从而会产生质量均匀的稳定液滴束。现在连续喷墨打印头一般都装备有压电晶体，压电晶体即喷墨头的振源，每秒可以产生成千上万的液滴，并可以调节振动频率，以确保喷射出的墨滴质量均匀稳定。

如果射出的液滴的飞行轨迹能够以某种方式加以控制，就可以通过将液滴引导到表面特定区域的方式来形成图像。为了控制墨滴是否喷射到纸面，还应该考虑如何在墨滴形成位置对墨滴充电。这意味着需要在墨滴形成位置上加一对电极以建立电场，以确保墨水射流有足够的导电性能，同时对墨滴充电也有助于保持墨滴在喷口处的势能，并在后面的偏转电场的作用下实现对墨滴偏转和不偏转的控制。

偏转墨滴技术如图1-97所示，墨水喷嘴固定在振荡器底部，充电电极和偏转板通过机械结构固定在各自的支架上。其中，偏转电场相当于控制墨滴运动的方向盘，沿垂直方向形成离散喷射的墨滴；承印材料则沿水平方向移动，定位喷射墨滴的水平位置，墨滴垂直偏转和承印材料水平运动的组合便能在纸张表面打印成字符。对于那些不参与打印的墨滴，由于偏转量大于正常数值而不能喷射到承印材料表面，由设置在系统底部的拦截器回收，且拦截下来的墨水通过墨水泵传输到供墨系统，可反复利用。

第二种连续喷墨打印机基于的是不偏转墨滴技术（图1-98）。它采用多喷嘴结构，最初配置为包含512个喷嘴孔的条状喷嘴阵列，每个喷嘴中都可以喷射连续的液流，而液流中的每一液滴又能够独立受到控制，这就是连续阵列喷墨打印头。两条喷嘴阵列交叉排列成两行，由于每一行喷嘴之间的间距为50μm，两行交叉就实现了喷嘴间距为250μm，喷嘴行喷射出的墨水射流覆盖纸张宽度，不偏转墨滴喷射到承印材料，不参与记录的墨滴则由于通过偏转电极时发生偏转而被拦截器回收。值得注意的是，只有不偏转墨滴才能成为记录点，因此每一个记录点位置都需要一个喷嘴，这与Sweet偏转墨滴控制喷墨技术可以对应到多个记录点位置不同。

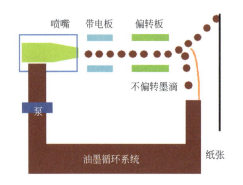

图1-97　偏转墨滴技术

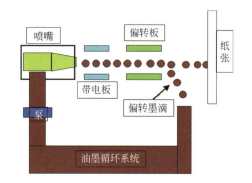

图1-98　不偏转墨滴技术

2）Hertz喷墨技术原理

瑞典伦德工学院的专家Hertz和他的助手们独立地开发出了多项连续式喷墨技术。Hertz喷墨技术能够调节墨水的流动特性，使其用于灰度图的喷墨印刷。Hertz进行灰度图印刷的一个方法就是控制每一个像素上分布的墨滴的数量，这样一来也就能够调整每一个颜色的密度，得到理想的灰色调效果。

在Hertz喷墨系统（图1-99）中，墨水射流的产生同样利用强制墨水从喷嘴口挤出的方法实现，该技术能够得到比Sweet方法更细窄的墨水射流。墨水离开喷嘴后，墨水射流将穿过与电压源相连接的环状控制电极，电压源的另一端与为喷嘴供墨的墨水管连接，这要求墨水具有导电性能。

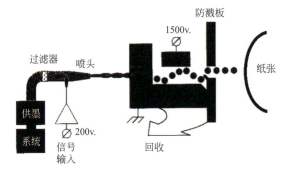

图1-99　Hertz喷墨系统

当供电电压等于零时，墨水射流以直线方式飞行，纸张的移动方向与墨滴飞行方向垂直，因而借助于纸张的运动可在纸面上产生一行记录点。如果有数量足够的电压被加到环状电极和导电喷嘴之间，且只要墨水是导电的，则墨水射流会因受到强电场作用而转换为许多向四周喷溅而非集中的细小墨滴，这就意味着墨水射流将无法在纸张表面产生有规则的记录结果。由此可见，只要以合适的方式控制加到环状电极上的电压，即可控制墨滴飞行到纸面前的记录和不记录两种状态。

Sweet方法利用偏转电极控制墨滴是否产生记录点，偏转量由墨滴自身的带电量控制，由墨滴偏转的垂直位置差异在纸面上产生一列记录点；Hertz方法将墨滴记录分解成打开和关闭两种状态，对应于电压源的工作和不工作，因而称为密度调制。

3.按需喷墨成像原理

按需喷墨设备可根据图像记录信号的需要断续地在承印物上喷射墨滴。这种设备系统结构比较简单，避免了连续式喷墨技术所带来的墨滴带电、偏转硬件以及墨水循环系统的不可靠性等复杂问题。

1）热喷墨技术原理

佳能公司于1979年发明了通过喷嘴附近的小型加热装置上表面水蒸气泡的破裂，将墨水从喷嘴里喷射出来的打印技术，人们把这项技术称为气泡喷墨技术。

热喷墨打印系统的核心部件是打印头，打印头由加热元件、墨水容器和喷嘴组成，三者连成一体，形成紧凑的结构。加热元件由一系列线圈构成，加热时的辐射范围在3～5μm，这刚好是为水分子提供动能并产生汽化的最佳范围。加热元件悬挂在三面为热反射器的空间内，这三个热反射器将热能直接反射给打印区域。

为了提高成像系统的工作效率和记录分辨率，对喷嘴数量和排列密度有一定要求，即不仅要求在单位长度内有足够数量的喷嘴，也要求喷嘴按特定的规则排列为喷嘴阵列。

打印墨水放置在小型墨水容器内，工作时，在一侧有加热板，另一侧有喷孔的墨腔里充满了油墨。迅速加热加热板使其温度高于油墨的沸点。与加热板直接接触的油墨汽化后形成气泡，汽化和气泡的生成使墨水体积增加，由于墨水的不可压缩效应，以及墨水腔的容积必须保持不变，于是对周围墨水产生压力，这种压力传递到喷口处，导致在喷口处形成墨滴，使墨水从喷孔中喷出。一旦墨滴喷射出去了，加热板冷却而墨腔依靠毛细作用由储墨器重新注满。加热板的冷却和油墨的加注只需几十分之一秒即可完成。墨水喷出过程如图1-100所示。

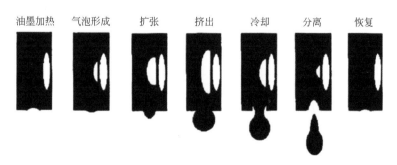

图1-100 墨水喷出过程

加热温度与气泡产生的关系如表1-3所列。

表1-3 加热温度与气泡产生的关系

温度（T）	产生气泡状况
<288℃	无气泡产生（不能产生足够的机械作用力将油墨喷射出去）
323℃	只有小气泡产生（结果同上）
369℃	大体积气泡（墨滴能正常喷射）
>369℃	气泡体积基本不再增加（与369℃时的气泡体积相比较）

2）压电喷墨技术原理

压电喷墨打印机的墨滴生成和喷射由墨水通道壁的机械变形和位移产生，而产生机械变形的换能器由一种具有压电性的材料制成。所谓压电性是指某些晶体材料按施加在晶体上的机械应力成比例地产生电荷的能力，这一现象由居里兄弟在1880年发现。同年，居里兄弟证实了压电晶体具有可逆的性质，即压电晶体具有按施加电压成比例地产生几何变形。

压电喷墨打印机正是通过受记录信号控制的压电元件产生喷射油墨滴的压力。这种方法采用压电板，当电流通过时压电板能够产生微小变形，从而减少墨腔的容积，并使墨滴喷出。由于压电材料在外电场作用下会产生不同程度的机械形变，根据外加电场作用方向与压电陶瓷材料极化方向的关系以及压电晶体产生变形的不同，压电喷墨分为挤压、推压、弯曲和剪切等模式。

（1）挤压压电喷墨技术原理

压电陶瓷材料被加工成薄板形状更容易弯曲。压电板与起形变传递作用的膜片紧密连接，组成双层结构的电子机械传感器阵列，简称为压电传感器。两端固定的压电传感器在外电场作用下由于拉伸或压缩效应而只能产生弯曲变形，并压迫膜片变形，墨水受膜片挤压后在喷口处形成墨滴（图1-101）。

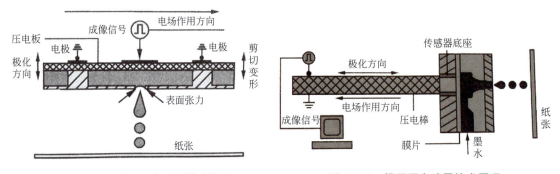

图1-101 挤压压电喷墨技术原理　　图1-102 推压压电喷墨技术原理

（2）推压压电喷墨技术原理

在推压模式中，压电陶瓷材料被加工成棒状，压电棒一端被固定，另一端是装有传感器底座的自由端。在外电场作用下，压电棒产生伸长变形，在保持体积不变的前提下因长度增加而推动传感器底座，传感器底座将推力传递给膜片，再由膜片挤压里水腔中的墨水，并在喷口处形成墨滴（图1-102）。

（3）剪切压电喷墨技术原理

在弯曲模式压电喷墨打印机换能器中，由一对电极产生的电场作用方向与压电材料的极化方向平行，只是压电传感器由于被设计为不同形状和不同固定方式而形成两种工作模式，但剪切模式喷墨打印头电极对产生的电场与压电材料的极化方向垂直。

压电板受垂直于极化方向的外电场作用而发生剪切变形，而剪切变形对墨水产生正压力，考虑到墨水在腔体中受正压力作用时最容易实现墨滴喷射，因而压电材料最合适的变形方式应该是剪切。因此，采用剪切模式时压电板可设计为墨水腔壁的一部分，直接挤压腔体中的墨水，但压电材料与墨水的直接接触可能影响压电板的使用寿命，因而压电材料与墨水的相互作用成为设计剪切模式压电喷墨打印头的重要参数。生产剪切模式压电喷墨打印头的公司有Spectra和Xaai等。压电陶瓷材料在外电场作用下产生剪切变形时，墨滴的生成方法按喷嘴系统的几何配置而采用不同的途径来实现。

剪切模式压电喷墨打印头中的喷嘴系统的几何配置可以有多种选择。压电板成为墨水腔壁的部分，墨水腔的功能类似于隔膜泵。由于压电材料的极化方向与电场作用方向垂直而使压电板产生剪切变形，形成对墨水的正压力，当墨水腔体积变小时将克服墨水在喷孔处的表面张力，迫使墨水从喷孔中挤出，并在喷嘴出口处附近形成墨滴。

剪切模式形成墨滴的另一种方法是使通道壁产生双向变形。压电陶瓷材料在外电场作用下同样产生剪切变形，称为侧壁受压变形压电喷墨技术。一个墨水通道壁的剪切变形导致墨水通道的抽吸效应，引起相邻墨水通道的墨水喷射，因为一个墨水通道的体积膨胀必然导致另一墨水通道的体积缩小，而体积被缩小的通道内的墨水将受到挤压，由于液体的不可压缩效应，墨水只能从喷嘴中喷出（图1-103）。

3）静电喷墨技术原理

在喷墨成像系统和待印刷表面间加一个电场，喷嘴系统的控制部分按页面上的图文内容改变电场，电场力可能使墨水和喷嘴口间的表面张力取得平衡，也可能改变这种表面张力；当表面张力的平衡关系被破坏时，墨滴在电场力作用下从喷嘴口喷出。墨滴从喷嘴口喷射的原因是电场力的作用，为此需要控制脉冲时间以合理的速度释放墨滴。对应于不同的静电喷墨成像方法，控制脉冲信号可能取不同形式。电场力的作用使墨水在喷口处形成弯月面，当弯月面上的表面张力与电场力取得平衡时不会喷射墨滴，为此可利用在喷口附近的换能器改变弯月面上的表面张力，打破均衡状态，再加上电场力的牵引作用，使墨滴从喷口喷出（图1-104）。

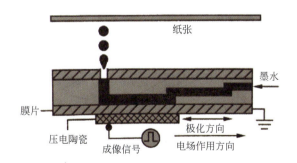

图1-103 剪切压电喷墨技术原理

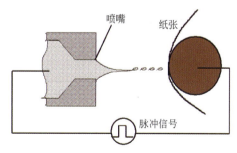

图1-104 静电喷墨技术原理

三、其他方式数字印刷

1.电凝聚成像数字印刷技术

电凝聚成像是以具有导电性的聚合水基油墨的电凝聚为基础，利用油墨在金属离子的诱导下会产生凝聚作用的原理实现的，即在阴极阵列

和钝化旋转的阳极之间，给导电油墨溶液施加非常短暂的电流脉冲，通过成像滚筒电极（阳极）和记录电极（阴极）之间的电化学反应，滚筒上电解生成氯原子，氯把不锈钢滚筒表面的钝化层氧化成非常活跃的三价铁离子，铁离子在滚筒表面释放时，造成油墨中聚合物的交联和凝聚，从而使油墨固着在成像滚筒表面，形成油墨影像（图文区域）；而没有发生电化学反应（非图文区域）的油墨依然是液体状态，再通过一个刮板的机械作用，将未凝聚的液态油墨去掉。最后，通过压力的作用将固着在成像滚筒上的油墨转移到承印物上，即可完成印刷过程。

在电凝聚成像过程中，正极是一个旋转的金属成像滚筒，该滚筒携带油墨。油墨在滚筒上通过电凝聚成像，然后再转印到纸或其他承印物上。印刷记录头由数千个极细的用作负极的金属丝组成，这些金属丝成行排列，并与印刷滚筒垂直。

电脉冲通过油墨到达成像滚筒，并在滚筒表面发生微量的电解反应，该反应导致铁离子的释放。这个过程严格按照计算机控制的图像及信号间隔来攫取油墨，并使其凝聚在滚筒上。一旦信号中断，微量化学反应立即停止，没有任何拖延。这一过程中，滚筒上图像区域的油墨以凝聚的形式存在，该油墨有些像凝胶，比未凝聚的油墨干些；非图像区域则是未凝聚的油墨，这些未凝聚的油墨被橡胶刮板刮掉，然后通过高压（无热量）把保留下的图像转印到承印物上，并蒸发干燥。

电凝聚数字印刷技术是一种连续色调、完全可变的印刷成像工艺，它完全不同于其他数字印刷技术，在一定程度上，它与着墨孔大小可变的凹印相似，因为凹印也可印厚度不同的墨膜，并使用刮墨刀将多余的油墨从印版滚筒上除掉。

图1-105所示为Elcorsy公司的200型电凝聚印刷样机，其所采用的工艺流程如下。

① 准备（图1-106）。首先给洁净的成像滚筒涂上极薄的油层，其主要作用是便于把油墨传递到承印物上。

② 注入油墨（图1-107）。油墨从平行的喷嘴中喷出，从而给滚筒上墨。滚筒旋转携带油墨，并将其填充到印刷头和成像滚筒之间的缝隙中。

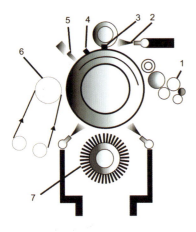
图1-105　200型电凝聚印刷样机

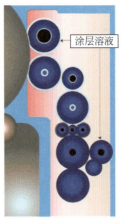
图1-106　准备

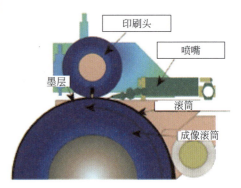
图1-107　注入油墨

③ 成像（图1-108）。以计算机控制、缓冲存储的数据控制电子脉冲自阴极送出，穿过油墨到达成像滚筒。

④ 凝聚（图1-109）。油墨是导电的，所以它能把印刷头发出的电信号传输给成像滚筒。

图像区域的油墨以凝聚的形式驻留在滚筒上，而非图像区域的油墨则是未凝聚的液体形态。

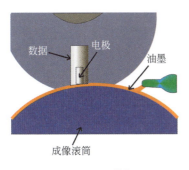

图1-108 成像

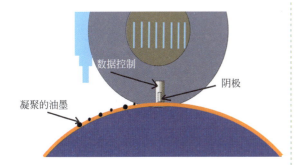

图1-109 凝聚

⑤ 图像的展现（图1-110）。在一个类似于刮墨的动作中，非图像区域上未凝聚的油墨被除掉，从而在成像滚筒上展现出由已凝聚的墨点表现的图像。被刮掉的油墨从侧面的沟槽去除，并返回注墨容器中。

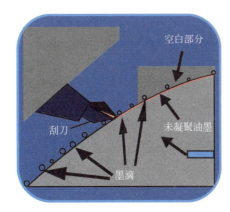

图1-110 图像展现

⑥ 转印（图1-111）。通过施加高压，凝聚的油墨从成像滚筒转印到承印物上，并采用蒸发方式干燥。

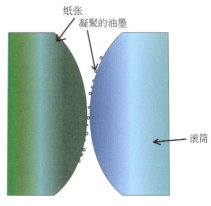

图1-111 转印

⑦ 清洗（图1-112）。用毛刷、皂液和高压水流清洗成像滚筒，水返回过滤箱后循环使用，当把所有未转印的油墨和准备过程中预涂的油层去除后，印刷循环即告完成。

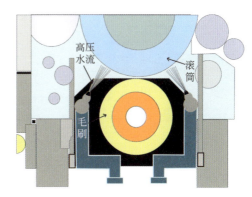

图1-112 清洗

上述整个过程允许多个步骤同时进行。当第一个图像被转印时，新的图像正在印刷头上被书写出来，写在滚筒上的每个图像都可以与前面的图像完全不同。

2.热成像数字印刷技术

热成像大体上划分为转移热敏成像技术和直接热敏成像技术两大类，它们都是以材料加热后物理特性的改变为基础来呈现出图文信息的。

转移热敏成像还可划分为热转移打印技术和热升华打印技术两类。转移热敏成像和直接热敏成像都是先将油墨提供给供体，再

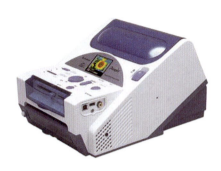

图1-113　PrintPix CX-400
专业级数码照片打印机

通过热转移到承印物上（或根据系统先将其转移到中间载体，然后再转移到承印基材上）。但是在热敏转移成像中，油墨存储在一个供体中，并通过施加热量来转移到承印材料，即部分油墨层从供体上分离并转移到承印基材，供体上的油墨是蜡状或特殊聚合物（树脂）。在热升华成像中，油墨通过扩散从供体转移到承印材料，即通过热量熔化墨，使墨扩散到纸张上，热升华需要有专门涂层的承印基材来接收扩散的色料。

在直接热成像技术中，承印材料得到了特殊的涂层处理，当向这种承印物施加热量时，其颜色就会发生变化。典型的成像体系有热显影光定影的直接彩色打印体系，如富士胶片公司的PrintPix CX-400专业级数码照片打印机（图1-113）。该照片打印机小巧轻便、照片色彩还原好、层次清晰，与传统的银盐照片几乎没有什么差别。

1）热转移打印原理

热转移成像图文复制的特点是油墨从色膜或色带上释放出来，再转移到承印材料表面，这说明热转移是一种油墨加热熔化再转移的技术。为了获得良好的复制效果，必然会发生大量油墨的转移，因而专业领域有时将热转移称为"热密集转移"。色膜上预加油墨的主要成分可能是蜡，也可能是特殊的聚合物，例如树脂。

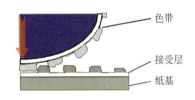

图1-114　热转移打印原理

热转移记录装置的基本部件由加热头（打印头）、色膜和接受体构成（图1-114）。其中，色膜是热敏油墨薄膜和底基组成的双层材料，比如电容器纸或聚酯薄膜都可用作底基材料；打印头中包含加热元件，加热脉冲导致色膜上的油墨层迅速熔化；接受体（接受介质）即承印材料，例如普通纸张或塑料薄膜。

通常热转移印刷过程分为三步：第一步是通过加热头或激光将色带上的染料层加热熔融转移；第二步是被熔融转移的染料层黏附到受像纸上，形成潜影；第三步是将色带从受像纸上剥离下来，使潜影显现并固定在受像纸上，同时，在色带上形成负像。

承印材料的印刷面与色膜的热敏涂层（一层对热作用敏感的油墨薄膜）面对面放置，承印材料上作用压力使两者紧密接触；打印头的热作用方向对准色膜基底材料，加热元件在脉冲电信号作用下形成热脉冲，产生的热量足以熔化色膜表面的热敏涂层；由于加热温度超过热敏涂层的熔点，因而热敏涂层（油墨）的黏度因受到热量的作用而迅速降低，导致向承印材料渗透，并随着温度的降低使油墨的黏度恢复；考虑到色膜基底对油墨的黏结力要小于承印材料对油墨的黏结力，因而油墨黏结到承印材料表面，完成热转移记录过程。

油墨层的转移过程几乎与成像过程同时进行，是加热（成像）一部分、转移一部分。热成像头加热的是色膜上与页面图文部分对应区域的油墨层，以利于油墨层从色膜的基体材料剥离，实现从色膜到纸张表面的转移。色膜与页面非图文部分对应的区域没有加热，因而不发生油墨层的剥离和转移。

在热转移印刷中，印刷质量主要决定于第三步，特别是在将色带从受像纸上剥离下来的那一瞬间染料层的撕裂特性，这种撕裂特性的实质是染料层的内聚力。这种内聚力除了与染料层的配方组成有关外，还与热转移印刷温度和剥离时间密切相关。因此，要想得到满意的印刷质量，除了调配染料层的配方组成，使之有适当的内聚力外，还必须严格地控制印刷条件，特别是印刷温度和剥离时间。然而，不同型号的热转移印刷机的剥离时间不尽相同。

2）热升华打印原理

目前，热升华打印可能是迄今为止所有数字印刷方法中复制质量最高的技术，因而适用于复制摄影作品，也可用于彩色数字打样。

在物理术语上，升华一词是指物质从固体状态直接转换为气态、无须液化的中间过程，因而热升华成像常被称为染料热升华。但是，"热升华"一词只能说明色膜油墨受热辐射作用时发生的物理变化，不能确切描述热升华成像的本质。考虑到热升华成像能产生记录点的根本原因是染料的扩散和转移，因而热升华成像更准确的称呼应该由扩散效应来定义，这就是所谓的染料扩散热转移。图1-115所示为热升华打印原理。

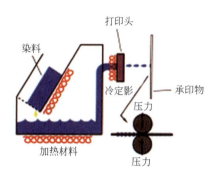

图1-115　热升华打印原理

热升华打印利用热感应技术，使加热系统的热激光器或热敏打印头在成像信号的控制下对色膜载体加热，产生前热辐射作用，使油墨层中的染料发生升华现象，即染料直接从固态转为气态，也就是将Y、M、C、O（黄、品红、青、保护膜）三色染料与一层保护膜通过热处理依次汽化后压印在专用相纸上。而加热头是由一排发热元件线阵组成的，每个发热元件选用热响应快、响应线性度好的新型材料制成。染料扩散的多少依赖于发热元件温度的高低，发热元件的温度由像素的颜色值控制连续变化，以此来表现灰度等级。而输入的信息是根据所储存的影像数据来控制的，主要控制通过加热所释放染料的品种和释放的染料的量。

热升华成像使用的特殊纸张由载体层和扩散层构成，汽化后的油墨与特殊纸张的扩散层接触，开始向纸张的里层扩散，但由于向下扩散受到载体层的限制而只能向两侧扩散；汽化油墨的扩散因纸张扩散层的阻断作用不能无限制地进行下去，当扩散作用力与阻断作用力取得平衡时扩散过程结束，形成与页面图文信息部分对应的印刷图像。

热升华打印能够印刷出足够的颜色和再现足够的层次细节。在热升华打印系统中，每一个加热头都可调整出256种高低不同的温度，那么导致颜色升华的程度也有256级的区别，能够再现出图像的细微层次。由于热升华打印所采用的彩色颜料分为黄色、青色、品红色三种，所能组合成的色彩也就达到1670万种（256×256×256）。与喷墨的网点阶调相比而言，热升华技术是真正达到了相片品质的一种打印技术；在照片保存方面，由于具有保护层，热升华比其他打印技术在防水、防紫外线及防指纹的表现上占有更大的优势。

热升华打印的特点：

① 具有高质量的图像、相片输出功能。由于热升华打印机中，每种颜色的浓淡是由打印头的温度控制的，而且每一个打印色彩点都可呈现出256色阶浓度的变化，颜料又是升华为气态后施加到纸张上的，三种基色相互融合可以形成连续的色阶。再者，由于彩色热升华打印机并不存在墨滴扩散的问题，其实际分辨率便达到了非常理想的境界，300dpi的热升华打印相当于4800dpi×4800dpi的彩色喷墨打印的效果。因此，就打印效果而言，使用热升华打印出的图像可以如喷雾般细腻、润滑，打印出的图像色彩逼真度和还原性与喷墨打印机、彩色激光打印机相比更胜一筹。

②长久保存不褪色。使用热升华打印机输出图像时，打印机会为图像镀上一层保护膜，这种镀膜功能可谓是热升华打印机独有的功能。给图像镀膜之后，照片不但具有了防水、抗氧化的特性，在保存方面比传统的喷墨打印机输出的照片要长久得多，以及具有长久保存不褪色的特点，而且其整体的色彩感觉会更加明亮鲜艳。

③打印速度慢。由于热升华打印机是品红、黄、青三原色循环打印的，每次打印一种颜色，每打印一次纸张就要在打印通道中走一个来回，所以完成一个打印任务需要走三遍纸。因此，热升华打印机的效率与喷墨打印机相比要慢很多，传统彩色喷墨打印机的速度几乎比热升华打印机的快三倍，而且热升华打印机不能通过降低打印分辨率的方法来提升打印速度。这样，热升华打印机不适于连续打印的情况，这也阻碍了它在商业领域取得更大的发展。

④不适合文本打印。由于热升华打印机在打印文本时，是将包括黑色的4种颜色的固体颜料混合在一起进行打印的，因此其黑色的纯度很低，根本无法与喷墨打印机相比，因此它不适于文本打印。

⑤打印幅面较窄。目前，大多数普通热升华打印机都只具有4英寸×6英寸的输出能力，刚好是普通照片的大小，与喷墨打印机的A4甚至A3幅面相比，热升华打印机还是有很大的差距。而稍大幅面的热升华打印机，不但机器本身价格昂贵，而且耗材价格也非常贵，不适合大众用户选用。

⑥使用环境要求很高。热升华打印机对灰尘很敏感，如果有灰尘进入打印头或者色带，打印质量很可能会受到严重影响，例如形成一条很长的白色细线，造成整张照片报废。此外，热升华打印机对工作的温度要求也很高，如果长时间连续工作，可能会由于散热不良而影响色彩的准确度。

3）热显影光定影直接彩色打印技术

热显影光定影直接彩色打印技术是一种影像数码打印输出方式，与喷墨打印和热转移打印相比，热显影光定影直接彩色打印机比热转移打印机结构简单；且没有墨盒、墨水和色带等耗材投入，运行成本低。

（1）彩色感热记录材料

热显影光定影直接彩色打印利用的是彩色热敏记录材料被加热后本身显色原理。彩色感热记录材料主要由5层结构构成，分别为：基层、热敏显青色层、热敏显品红色层、热敏显黄色层和保护层，其中，显黄层位于显色层的最上层（离支持体最远），感热性最好；显青层位于3个最下面（离支持体最近），感热性最差。保护层主要由颜料、硅改性聚乙烯醇和胶质硅、金属皂、蜡或交联剂、表面活性剂等组成，目的为保护下面的显色层，提高热敏记录材料的机械性能。在每个显色层之间是中间隔层，中间隔层主要是水溶性高分子化合物。

①热敏显黄层。显黄层主要是含一种最大吸收波长为420nm左右的重氮盐，一种加热时可与重氮盐反应而显影成黄色的成色剂、胶黏剂。重氮盐在420nm紫外光线作用下可光解，从而不能与成色剂反应生成黄影像，因此用该波长的紫外光照射已加热显影的显黄层可起到定影作用。另外，为促进重氮盐和成色剂的反应，一般还含有在热作用可分解释放出有机或无机碱性物质。

②热敏显品红层。显品红层主要含一种最大吸收波长为360nm左右的重氮盐，该重氮盐在365nm紫外光照射下光解；一种加热时可与这种重氮盐发生反应而显品红色的成色剂、胶黏剂。

③热敏显青层。显青层主要含一种给电子染料前体和一种可接受电子的化合物。另外，

为催化这两种物质的反应，还往往加入增感剂。

（2）彩色影像打印过程

首先，用特定波长范围的电磁波处理第一热敏显色层记录的影像，根据所希望的每个像素的色密度控制电磁波的强度，保证只有能显影成色的"元素"保留下来。换句话说，就是光学定影掉不需要的色素，使其丧失成色能力。

其次，热处理第二热敏显色层记录的影像，根据每个像素所希望的色密度控制热量，同时该热量使第一热敏显色层加热显影。主要原理是，由于第一热敏显色层的感热性最好，热记录第二热敏显色层的热量足以使第一热敏显色层光定影后保留下来的"元素"加热显影，保留下来的"元素"的多少，主要取决于曝光量，因此第一热敏显色层的影像密度与光学记录相应。然后用第一种特定波长的电磁波光定影第二热敏显色层。

最后，根据每个像素希望的色密度，用热能处理第三热敏显色层，使其加热定影。

3. 磁成像数字印刷技术

依靠铁磁材料在电场（磁场）作用下定向排列，形成磁性潜影，然后再利用磁性色粉与磁性潜影之间的磁场力的相互作用，完成潜影的可视化（显影），最后将磁性色粉转移到承印物上即可完成印刷（图1-116）。磁性色粉采用的磁性材料主要是三氧化二铁，由于这种材料本身具有很深的颜色，因此，这种方法一般只适合制作黑白影像，不容易实现彩色影像。

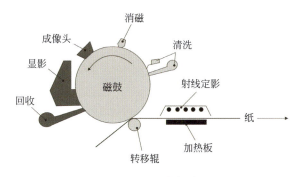

图1-116　磁成像过程

1）磁成像原理

通常的磁成像印刷系统由成像系统、显影装置、抽气装置、压印滚筒、固化装置和退磁装置等组成。与静电成像数字印刷技术一样，在磁成像数字印刷技术中，成像系统的核心部件也是成像鼓（磁鼓），成像鼓的中心部分是非铁磁材料的核，表面先涂一层软质的磁性铁镍层，厚度约50μm；在铁镍层上再涂一层硬质磁性钴镍磷化合物层，质地坚硬而耐磨，厚度约25μm；鼓的最外层是保护层，厚度仅1μm，目的是保护里层，还有利于采用机械方法清理。这种磁性化合物层就是人们所说的铁磁体。这些材料没有外磁场作用时并不显示磁性，但在外磁场作用下，因磁矩作有规则的排列而磁化，且受反向外磁场的作用时会发生退磁现象。

在Nipson磁成像印刷机中，由于受到微机械单元和电子供给系统的限制，这种设备的分辨率一直不高，只能达到240dpi。图1-117所示为磁记录成像头的结构，在宽度36mm的成像头上包含了340个独立成像单元（记录极），且成像极排列成两列，每列之间的间距为0.21mm。

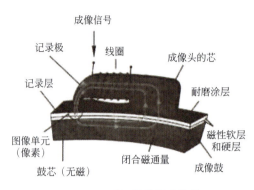

图1-117 磁记录成像头结构

随着微机械和微电子的进步，目前，成像头分辨率已经达到480dpi。图1-118显示了这种磁成像头的局部表面。它由6行构成，每行中每个单独磁体的间距是318μm，每行80个微磁体，通过这种多行结构，实现层级式排列，可以获得480dpi分辨率（80dpi×6行）。

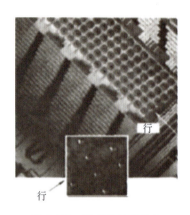

图1-118 磁成像头微结构

首先，磁潜像能吸附有磁记录的色粉（一般为三氧化二铁），形成可见的磁粉图像。图1-119表示包含氧化铁的磁性色粉核以及表面覆盖的有色颜料，可以看见色粉核被颜料与润滑剂包围。通常，单组分色粉的颜色要受到氧化铁磁芯的影响，正是色粉中含有的高密度氧化铁导致无法产生纯色。单组分磁性色粉只有10%左右的核，通过磁辊能有效传输。

然后再通过在承印物与磁鼓之间施加一定压力的方法使吸附到成像鼓上的记录色粉

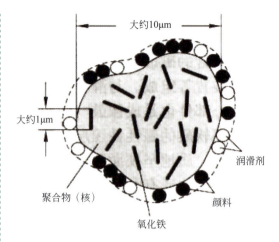

图1-119 磁性色粉结构

转移到纸张表面。借助于加热固化装置或者辐射固化装置，采用加热和辐射两种固化方式使承印物上的色粉影像固定。最后，借助于成像鼓表面清理装置和退磁装置清理磁鼓转印后剩余的色粉，并使之恢复初始状态，便于下一轮成像印刷。

由于铁磁材料具有记忆能力，磁潜图像是磁记录头作用于铁磁材料的记忆结果，所以磁成像数字印刷系统可以印刷若干相同内容的印刷品。此外，成像鼓表面涂覆的不是永久性磁铁物质，因而在转印结束后，也可通过加反向磁场予以退磁，但退磁要求的反向磁场强度应该大于使铁磁体材料磁矩反转的磁场强度，才能使成像鼓表面恢复到初始状态，磁矩方向作不规则排列，对外不显示磁性，为下一个印刷作业成像做好准备工作。

2）磁记录成像数字印刷工艺过程

磁记录成像数字印刷工艺过程一般包括：成像、呈色剂转移、呈色剂固化、清理和磁潜像擦除等。

（1）成像

来自系统前端的页面信息被转换为电信号，作为成像信号加到磁成像头的线圈上后，将形成与页面图文内容对应的磁通变化，成像头上的记录磁极利用磁通变化使成像鼓的表面涂层产生不同程度的磁化效应，在成像鼓的记录层（铁磁材料涂层）上产生磁潜像。

(2）呈色剂转移

磁成像数字印刷系统的显影装置中包括几个旋转磁辊，用于从显影装置的呈色剂容器中取得呈色剂颗粒，呈色剂颗粒被直接传送到成像鼓表面附近，并被成像鼓表面的磁潜像吸引而形成呈色剂影像，接下来再利用高压将呈色剂转印到承印材料表面。

图1-120所示为单组分色粉微粒转移到成像鼓磁化表面的过程。组成显影装置的旋转磁辊从容器中取出色粉，色粉通过刮板式的组件直接传输到相邻的成像表面，色粉微粒按照磁场图案被吸附到成像鼓上。由于在传输间隙有剩余色粉，会吸引其他色粉微粒，这样就会导致图像的变形和形状的不稳定。因此，该装置增加了一个磁性增强图像质量的装置，它由一个旋转叶片和永磁体芯组成，能够收集任何没有吸附的色粉微粒（这一点能改善图像清晰度），并将它们送回循环装置。此外，还有一个收取装置来清除多余的色粉微粒。

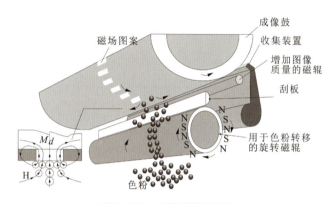

图1-120　磁性潜像的着墨

（3）呈色剂固化

呈色剂颗粒转移到纸张表面后，是"浮"在纸张表面的，需要使它们固定下来，即呈色剂的固化。图像的固化可利用热辐射和加热固化的方法使呈色剂中的黏结剂熔化来实现。加热产生的热量对呈色剂颗粒来说主要是起固化作用，温度的高低要适度，不致引起纸张的脆化；辐射固化提供附加的辐射热，可使呈色剂中的黏结剂熔化，同时也起固化作用。因此，磁成像复制系统的呈色剂固化是辐射固化和加热板固化联合作用的结果。

（4）清理

清理是通过刮刀或抽气的方式将成像滚筒表面未完全转移的呈色剂清除。成像滚筒有一层硬质金属表面组成的耐磨层，可以用刮刀清理，因而磁成像直接印刷整机系统至少应该包含起码的物理和化学清洗部件，以去除熔化并固定在成像滚筒表面的记录介质。

（5）磁潜像擦除

磁成像鼓表面的磁潜像是可以重复使用的，但印刷完成后，还需消除成像鼓表面的磁潜像。一般采用磁擦在铁磁体材料的一个磁滞回线周期内，利用产生的交变磁场强度降低磁化强度的峰值，直至恢复铁磁材料的初始状态，获得中性的、非磁性的表面，即成像鼓表面铁磁材料涂层的基本状态，达到这一状态后就为下面的成像创造了基础条件。

3）磁记录成像数字印刷的特征

磁成像数字印刷系统印出的产品，其综合质量只相当于低档胶印的水平，适合于黑白文字和线条印刷，原因在于两个方面：①图像分辨率不够高。我们知道，表现印刷品层次的方法有三种，其一，网点大小相等，但膜层厚度改变；其二，膜层厚度相等，网点大小在改变；其三，网点大小和膜层厚度均在改变。然而在这一印刷方法中，目前实现膜层厚度改变比较困难，那么要实现图像的细节，只能改变网点大小，也就是提高输出分辨率。磁成像复制工艺及相应数字印刷系统的记录分辨率这些年来一直维持在240dpi，所以，也就无法实现高质量图像的输出。②只适合单色印刷品复制，由于磁性色粉采用的磁性材料主要是颜色较深的三氧化二铁，所以这种成像体系一般只适合制作黑白影像，不容易实现彩色影像的再现。

总之，磁记录成像数字印刷主要有以下几方面的特点：

一是可以在普通承印物上成像，采用磁性色粉颜料，多为黑白印刷。

二是可实现多阶调数字印刷，通过改变磁鼓表面的磁化强度，可印刷不同深浅的阶调（但变化范围较窄）。

三是印刷速度一般为每分钟数百张。

四是价格较低廉。

四、印刷质量控制与检测评价

1. 数字印刷图像质量色度检测

1）色度检测原理

在印刷出的印品上，对每个测量点进行光谱测量，算出光谱反射率，然后再确定它在已选定色度系统中的色度值，并跟相应的基准反射率或基准色值比较，得出色差，把光谱反射率偏差或色差输送给印刷机的输墨控制，对输墨量进行调节。

输墨调节遵循的原则：

① 每个测试块的色差达到最小；

② 由各测试块的色差得出的总色差达到最小；

③ 计算总色差时各单个色差作加权处理；

④ 区域性控制数据的计算要由区域搭接的测试块的色差得出。

2）色度检测方法

① 利用光电色度计测量色彩。光电色度计的原理类似于密度计，其操作方法、外观及价格也与密度计近似。光电色度计显示出三刺激值，大多数直接把三刺激值转换成均匀色空间标度，但照明只有一或两种，因此光电色度计测出的色彩并不完全表现视觉色彩。色度计与反射率计类似，不带对数变换器而带一套专门的滤色片。附加一套滤色片是为了根据CIE光谱三刺激值在每个通道里给各个光谱的波长加权。色度计与密度计又不同，其主要是反射率而不是对数问题，但反射率易转换成密度，反之也可以。色度计的光谱成分不可能跟人的视觉灵敏度有良好的线性关系，因此光电色度计在理论上存在一定的误差。

② 分光光度计测量色彩。分光光度计测量一个物体的整个可见反射光谱，通常每隔10nm或20nm测量一个点，在400～700nm范围内测量16～31个点。分光光度计连续地进行光谱测量，而三滤色片光电色度计只测量三个点，所以分光光度计至少对16个点测量，可以提供更多信息。分光光度计把色彩作为一种不受观察者支配的物理现象进行测量。为获得三刺激值，可以对反射光谱进行积分，也可以把色彩作为视觉响应加以解释，它是一种很灵活的色彩测量仪器。

2. 数字印刷图像质量密度检测

1)密度检测原理

密度检测使用密度计,密度计分为透射密度计和反射密度计两种。反射密度计测量以墨层厚度为基础,通过测量反射光通量或透射光通量和入射光通量的大小,计算测量物体的反射率,再对其求负对数得到密度值或透射密度值:

对于反射密度,一束光投射到物体表面,物体表面反射的光通量为I_r,入射光通量为I_0。

反射率为:$R=I_r/I_0$

密度:$D=\lg(I/R)$

2)密度检测方法

对彩色印刷品的质量评判与控制可分为阶调再现、清晰度再现、色彩再现及表观质量四个方面。其中,对彩色印刷品质量阶调再现的评判与控制,主要利用密度测量及其数据处理和分析来实现。其中的几个控制要素为最佳实地密度、墨区密度均匀性;网点扩大补偿。

(1)最佳实地密度的评判

实地密度和相对反差值:比较一批印张中每张的相对反差值和网点扩大情况,可确定印刷最佳实地密度。当相对反差最大、网点扩大值合适时,该处实地密度值就为最佳实地密度。印刷最佳实地密度可指导印刷机调校,并影响色彩管理效果。

(2)墨区密度均匀性的评判

通过检验不同墨区间同一原色的密度波动性,可反映出印刷均匀性,从而按照实际情况确定一个墨区均匀性的波动控制范围。根据其他小组记录的有关数据,通过标版周向与轴向的实地密度测量数据,分析得到各自的实地密度范围,可检测密度均匀性(表1-4)。

表1-4 标版轴向实地密度值范围

四色油墨	K	C	M	Y	K	C	M	Y
平均值	1.69	1.59	1.63	0.95	1.71	1.58	1.71	1.00
最大值	1.76	1.70	1.69	1.01	1.76	1.60	1.77	1.02
最小值	1.65	1.47	1.58	0.93	1.67	1.54	1.65	0.99
变化范围	0.11	0.23	0.12	0.08	0.069	0.06	0.12	0.03

同时,根据周向和轴向的实地密度测量数据,可以绘出周向与轴向的各墨区密度分布曲线图,用来观察标版周向和轴向的密度变化。具体而言,以墨区为横坐标,每个墨区的轴向四色实地密度值(或周向)为纵坐标,绘出轴向(或周向)各墨区实地密度分布曲线。

表1-3中,除青色实地密度变化范围到0.23外,其余均在0.1左右,最大变化范围只有0.12;结合曲线图分析,表中除青色外的原色实地密度波动比较小,且在轴向中间范围墨区的密度变化更趋于平缓,说明印刷版面的中间墨区较稳定;但青色在轴向中右侧区域逐渐降低,波动较大。因此,应注意青墨对应墨区,适当减小水量,或者增大青墨墨量,从而达到适当的水墨平衡。

(3)网点扩大的评判

① 50%网点扩大评判:根据其他小组记录的有关数据,通过评判50%网点扩大值,根据CTF标版印刷的网点再现情况,来确定一个网点扩大的波动控制范围。测量中间3组轴向网点面积值,减去理想的网点面积值即50%。中间部分印刷稳定性更高,分别选取轴向网点面积

测量值中间的3组数据处理。若数值相近且有重合就取众值，否则求平均值。计算出的网点扩大值见表1-5。

表1-5 50%网点扩大值

四色油墨	K	C	M	Y
网点扩大	17%	18%	18%	14%

在评判50%网点扩大状况时，所用标准为CY/T5—1999《平版印刷品质量要求及检验方法》行业标准中的4.4条款中的"网点"：一般印刷品50%网点的增大值范围为10%～25%，精细印刷品50%网点的增大值范围为10%～20%。结合表1-4中数值观察，四色50%网点扩大值范围均在精细印刷品的网点扩大值内。因此标版均可达较好的网点再现且属于精细印刷品。

② 各级网点再现能力的评判：50%网点扩大的评判只是对网点再现能力的初步评判；结合四色网点梯尺的数据，可精确地评判各级网点再现能力。对各级网点再现能力的评判，主要通过测量各色网点梯尺各色块的网点面积、密度或者网点扩大值，绘制相应曲线。

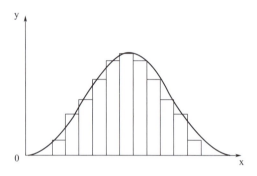
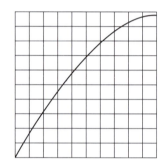

图1-121 密度曲线和网点面积曲线

密度曲线和网点面积曲线大体变化趋势如图1-121所示。两者可用于指导印刷的阶调控制。但网点面积曲线比密度曲线直观，能形象地表现网点面积的变化情况，方便印刷操作人员评判与控制。但观察两个曲线，网点面积曲线较为平缓，对网点面积变化不是很敏感，而密度曲线对网点面积变化却非常敏感，更精确、更明显地表示出网点扩大等因素对网点再现的影响。网点面积依据一系列的公式，通过密度值计算得到，在计算过程中弱化很多因素的影响，而密度值更为"原始"，可直接反映墨层厚度等对网点再现影响较大的因素。所以，如果要进行非常精确的网点再现的控制，密度曲线是必需的。

3. 数字印刷质量控制及测控条

1）静电成像印刷质量控制

影响数字印刷品质量的因素在它成像的每个环节都存在，包括数字印刷机自身的材料因素、环境、纸张和油墨影响因素等，具体如下。

① 光导材料光敏性的影响。

② 残余电位的影响。

③ 温湿度的影响。

④ 电阻值的影响。

⑤ 纸张的影响。比如HP Indigo在印刷过程中采用了热转印定影方式，起到转印作用的橡

皮滚筒的工作清晰度为160℃，所以在纸张通过橡皮布时理论上应该有一定的收缩，但是数字印刷机的速度不断地在提高，以HP Indigo Press 5500为例，印刷A3幅面的单色单面速度为8000张/时，即纸张与橡皮滚筒接触的时间为0.45s，所以说印刷过程中纸张变形是微乎其微的。

⑥ 油墨叠印顺序的影响。比如Indigo数字印刷机使用的是一种独特的电子油墨，在印刷过程中实现了100%的油墨转移，可以实现仅用一个光导鼓（有些类似传统意义的印版滚筒）来印刷多色印品（同一张纸在机器上第一印色为黑，紧接着便可印蓝，这个过程是连续的）。叠印顺序的不同影响到了色彩再现的质量，这点与传统胶印有些类似，只是数字印刷机所用的油墨为电子油墨。

除了上述这些主要因素以外，色调剂的磁性粉量、色调剂的料径和流动性、色调剂层厚度、色调剂层和光导体的接触深度、磁辊的磁力及转数、显影偏压等也都是影响数字印刷品颜色质量的因素。

在实际印刷过程中，由于数字印刷省去了中间的制版、装版等过程，直接将数据文件输出到印刷品，这样获得好的图像质量便与数字印刷机自身特性有着很大的关系，所以为了更好地复制图像，就有必要对数字印刷机进行色彩管理。

2）Ugra/Fogra数字印刷控制条

（1）Ugra/Fogra数字印刷测控条

Ugra/Fogra数字印刷测控条由3个模块组成，其中模块1和模块2用于监视印刷复制过程，模块3则用来监视曝光调整。模块1包含以下8个实地色块：青、品红、黄和黑色实地色块各1个，青+品红、青+黄、品红+黄实地色块3个，青+品红+黄实地色块1个，这些控制色块用于控制油墨的可接受性能以及3种减色主色的叠加印刷效果。

模块2中的颜色平衡控制色块如图1-122所示。该色块为规定的灰色调数值，实际上包含两个色块，其中左边的色块为80%黑色，用于控制网目调加网效果；右边的色块由75%青、62%品红和60%黄组成，目的是为了与80%黑色色块比较。印刷时若灰平衡控制不好，则该色块将呈现出彩色成分。

模块2的实地区域包含4个实地色块，按黑、青、品红和黄按次序排列，每隔4.8cm放置一个色块，第一个实地色块（黑色块）紧靠颜色平衡控制色块，它的四个角上压印了黄色，用于检查印刷色序，即黄色先于黑色印刷还是黑色先于黄色印刷。

图1-122 颜色平衡控制色块

D控制块用于检验特定的复制技术、复制设备和承印材料组合在不同方向加网的敏感程度，青、品红、黄和黑色各一组，每一组中均包含3个色块，总尺寸为6mm×4mm，如图1-123（a）所示。在组成数字印刷测控条时，通常按黑、青、品红、黄的次序排列，位置在实地色块后。

模块2的网目调控制块同样有青、品红、黄、黑4组，每一组控制块均由40%黑色和80%黑色两个色块组成，150lpi加网，与大多数商业印刷品采用的记录精度吻合，如图

(a)   (b)

图1-123 D控制块和网目调控制块

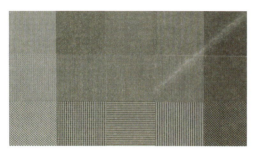

图1-124 模块3

1-123（b）所示。

模块3包括15个不同程度的灰色块，每个色块的尺寸相同（6mm×4mm），均采用黑色油墨印刷。15个色块组成5列，每一列均包含3个色块，采用了不同的网点结构。上述色块的油墨覆盖率分别为25%、50%和75%，其中最左面一列为25%，第二、第三、第四列油墨覆盖率为50%，第五列为75%。图1-124所示为组成模块3的15个灰色块，为了看清楚差异，对各色块做了放大处理。

理论上，模块3印刷出来后，每一列色块的阶调值应该是相同的，不同的仅是记录分辨率；在行方向上，每一行中间3个色块复制到纸张上后也应该具有相同的阶调值。因此，如果每一行中间3个色块的阶调存在差别，则这种差别一定与复制方法有关，导致差别产生的原因可从网线角度的方向上找。在输出时，应该将记录设备调整到使行方向的阶调差别最小。列方向上色块的阶调值不同时，反映了加网线数对复制效果的影响。图1-125所示为数字印刷测控条。

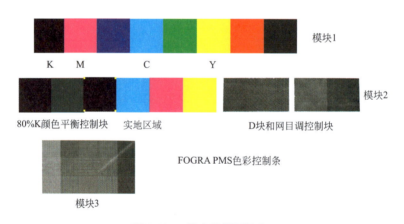

图1-125 数字印刷测控条

（2）Ugra/Fogra PostScript数字印刷控制标版

Ugra/Fogra PostScript数字印刷控制标版是用于电子印刷的质量控制工具，用PS语言写成。它已定义了一套测试图像，包括7个功能组和1个用于各色版套印的定位标尺。它具有与PostScript印刷机、激光照排机和电子出版系统相匹配的精度，特别适于数字印刷系统的质量控制，是控制数字印刷输出设备的生产条件的有效工具。可以用来检测图像分辨率（包括水平和垂直方向的分辨率）、亮调和暗调范围，套印精度，黄、品红、青、黑四色再现曲线等。

> **问题思考**
>
> 1. 静电成像的基本原理是什么？
> 2. 成像光导鼓的特性以及考察参数是什么？

3. 静电数字印刷机的功能部件有什么？
4. 静电印刷品质量的评价指标有哪些？
5. 喷墨印刷技术的分类有哪些？
6. 连续喷墨成像和按需喷墨成像的原理分别是什么？
7. 喷墨印刷机的组成部件有哪些？
8. 喷墨打印机喷墨头的构件有什么？
9. 喷墨打印机质量的评价指标有哪些？
10. 数字印刷图像质量检测方法有哪些？
11. 如何对彩色印刷品的色度进行检测？
12. 如何借助于Ugra/Fogra数字印刷控制条监控数字印刷质量指标？

能力训练

1. 使用Indigo E-Print 5500数字印刷机印制一个书刊封面。

作业过程：

① 文件的设计和制作

主要由印前设计人员完成，印前设计人员需要对客户送来的图形、图像、文字等原稿进行处理、编辑，并形成页面文件，还要根据客户要求设置所用的纸张、字体等。本例中，印前页面设计与制作已经完成，印刷时采用200g/m² 铜版纸印刷封面。

② 发排

将设计好的电子文件通过网络发送到Indigo数字印刷机的特定目录下。在发排前，设置相关输出参数，加网线数为200线/英寸。

③ 预览、调整、打样

所谓预览，是在Indigo数字印刷机上进行的，预览后，可以对其进行相应的小调整，如小的颜色调整，一般用LUT曲线进行微调，使印刷品的颜色尽量跟原稿贴近。

一般地说，大的颜色调整应避免在印刷机上来进行，一方面在此调节会浪费时间，另一方面此处只能进行颜色微调。若色彩偏差太大，最好回到印前进行相应的调整。同时也可以在印刷机上拼大版，所有条件满足后，开始打样张。

④ 回到印前、修改

若打样的样张与原稿偏差太大，说明印前制作环节存在问题，这时需根据实际情况回到印前修改，直到满足客户要求为止。

⑤ 确认纸、印刷

印刷前务必检查客户要求的纸张与印刷用纸是否匹配，一切就绪，方可上机印刷。

2. 使用爱普生Stylus Pro 9800设备打印一张海报，并分析其打印质量。

3. 借助于图形处理软件自我实践，完成数字印刷测控条的制作，熟练掌握其测试指标和测量原理。

任务五　数字印刷印后加工

微信扫码
常见印后加工工艺

任务实施　校刊胶装装订

1. 任务解读

熟悉印后加工分类及加工工艺流程，能够根据订单要求，对数字印刷后的半成品进行后加工处理，培养学生的实践能力、团队协作能力、沟通能力以及工匠精神。

2. 设备、材料及工具准备

惠普M1136多功能三合一黑白激光一体数字印刷机、前锋E650R程控切纸机、道顿DC-650桌面式单双面覆膜机、嘉美印刷胶钉包本机。

3. 课堂组织

将学生分成若干组，每组3人，每组自选出小组长1名。各组分别与客户沟通，了解客户对产品印后加工的要求，填写数码印刷施工单中的印后加工要求，完成印后加工。教师作为数码快印部主管，协同学生对产品后加工效果进行评价。由小组长带领各组完成项目任务。

4. 操作步骤

① 覆膜：调整好覆膜机压力和温度，对封面进行覆膜。

② 包本：打开包本机的电源和胶锅加热开关，使胶锅中的热熔胶熔化。把书芯夹紧机构移到起始工作位置，将封面置于封面台上并定位。将书芯置于夹书板之间并夹紧，按下启动开关，传动机构带动书芯夹紧机构和书芯向左移动，经刷胶机构刷胶，书芯移动到最左端时上封面。

③ 裁切：在裁切机面板上输入裁切尺寸，按下裁切按钮，即可对书本进行裁切。

任务知识　数字印刷与印后加工联动系统

数字印刷与印后加工联动系统是指印刷设备与印后设备通过中间装置进行实际连接，可以自动完成文件的印刷、折页、裁切、装订等具有一定批量、活件等类型比较固定的作业（图1-126）。

联动系统将数字印刷与印后加工融于一体，承印物完成印刷后，直接进入印后加工环节。从联机生产线上生产出的产品，可以是成品小册子，或者是经过折页、配贴的书芯。下线后的书芯可以直接送至切纸机或包本机进行后道加工。在联机方案中，每一台印刷机都连接

图1-126　连接在数字印刷机后端的印后设备

印后加工设备，不需要人工对印刷和印后两个环节进行干预，从而较好地保证了页面印刷与印后加工的一致性。从这一点来说，联机方案是一种比较完美的印后加工方案。

数字印刷机与印后加工设备联机的优点主要表现在：

① 印刷品可以自动传递到印后加工设备上，防止损坏印刷品。

② 在印刷单元和印后单元中不需要搬运印刷品，节省了整个印刷流程所需的时间。

③ 提供高质量的流程管理，如果发现错误，操作员在印刷或印后加工的过程中可直接停机修正。

联机印后加工设备自动化程度高，设备总体占地面积小，可以提高工作效率，例如，鲍德温文件整理系统（Baldwin Document Finishing System）的Q-Set可以直接进行折页、锁线、修边等工序；C.P.Bourg公司的BB2005具有在线胶粘订功能，可以与富士施乐公司的DocuTech机型组配。此外，在线装订还有用工少、错订和漏订少等优点。

但联机设备也有其局限性：

① 数字印刷机的印刷速度与印后加工设备的速度不匹配。

② 印刷品静电也会带来一些物理问题。

③ 印刷墨层、承印材料容易受到磨损、擦伤和折裂。

此外，联机印后加工设备价格昂贵，依赖性强，整机调节时间相对较长；前面或后面的机器有一方出现问题，就会导致整个系统停机；印刷机保养或停机时，印后加工设备也无法继续生产；只有在印制教科书一类的标准尺寸的活件时才会比较经济，对于非标准尺寸的活件在经济性方面往往不尽如人意。

这些因素都限制了数字印刷机与其印后加工设备联机的推广和应用，但随着技术的进步，设备性能的不断提高，数字印刷联机印后加工越来越受到数字印刷企业的青睐。

1. 骑马订书机联动系统

随着高速发展的计算机技术、因特网技术的应用，再加上电子控制元器件、电机制造技术的不断创新，使骑马订联动机的性能得到了很大提高。比如网络接收数据促进了JDF技术在这类设备上的应用，书刊开本的大小采用了自动调整技术，缩短了辅助时间，提高了机器的效率。

短版书刊的装订，要求开机前准备时间越短越好、自动化程度高、操作设计人性化，主要体现在开本的自动调整、电子轴（无轴）传动技术的应用和具有完整的检测系统等。

只要在控制屏幕中输入装订书刊的长度、宽度和厚度尺寸，控制器便能够通过驱动伺服电机自动对搭页机、订书机、三面切书机甚至堆积机的开本大小进行调整。

电子轴传动技术在骑马订联动机上的应用，除了可以提高机器的自动化程度外，还增强了机器组合的灵活性。它使各单元相对独立，缩短了机器的安装调试时间，可以安装在集书链条的左右任何一边。电子轴传动骑马订联动机用电子虚拟轴代替了原来的机械长轴，各单元的运动要平稳得多；每一个单元（包括各个搭页机组、订书机和三面切书机）都装有独立的伺服驱动系统，各单元的同步协调运行由总的控制器来完成。

装订过程的全方位监控是保证质量的关键，一般的骑马订联动机都具有缺帖、多帖、歪帖、漏帖、缺钉以及书刊总厚度的检测功能；较高档的骑马订联动机还具有裁切监控功能，即能够对书刊的裁切质量进行检测；有的设备还可以根据印刷品的图文密度来进行错帖检测，防止由于操作工摆错书帖而造成成品书刊装订错误的发生。

骑马订联动机可以更好地满足个性化要求，如双联、三联裁切分本、冲孔、粘卡纸、自动上书帖和数字喷码等。对于小开本的书册来说，如CD光盘小册子的装订，双联、三联裁切分本可以大大提高生产效率。

自动上书帖利于发挥高速骑马订联动机的优势，并减轻操作者的劳动强度。卡纸粘贴可将光盘、产品样本、反馈表卡片等粘贴到书刊的内页。

在书刊经过的地方，可以通过喷墨装置对它的内页或封面进行可变数据印刷，如收件人姓名、邮政编码、地址等。

梅勒·马天尼公司骑马订书机主要有Supra、Pima、Bravo、Optima、Valore等类型，速度快、自动化程度高，可以通过选择附件完成个性化装订的要求，并且能够接收和适用JDF/JMF文件进行一体化工作。

海德堡（Heidelberg）骑马订书机主要有Stitchmaster ST 300、ST 350、ST 400、ST 100等。其特点是准备时间短、灵活性高、装订速度快，能满足不断变化的市场需求。订书机可与印前设备、印刷机、切纸机、KD（或TD）折页机组成一体化系统解决方案。订书机采用CIP4工作流程，可将印前拼版阶段产生的数据直接传入订书机，通过JDF的控制，可整合在海德堡印通（Pinect）的工作流程中。其中，Stitchmaster ST 100专用于中短版或频繁更换开本尺寸的活件（图1-127）。

图1-127　海德堡Stitchmaster ST 100骑马订书机

2.胶粘订书机联动系统

胶粘订是书籍的主要装订形式，也是适应胶订包本作业机械化、高速化、自动化生产的一种主要装订工艺。目前胶粘订生产线向着高速、高质、高自动化方向发展，以适应产品的多变、小批量化，减少辅助时间，使调整更快捷灵活、效率更高。胶粘订机主要有单机和联动两种形式。其生产厂商主要有国外的海德堡、马天尼、沃伦贝格、柯尔布斯、好利用（Horizon）、得宝（Duplo）、内田（Uchida）以及国内的北人、紫光、长荣等。

海德堡胶粘订机主要有BindExpert、Eurobond500、1200、2000、4000等机型，可采用聚氨酯、热熔胶或喷胶方式来实现胶粘订，更换十分方便。

马天尼胶粘订机主要有Bolero、Pantera和皇冠型Corona等胶粘订自动线，采用模块化结构设计，具有自动调整开本的功能，灵活性强。

沃伦贝格胶粘订生产线涵盖单一型与高性能的整套联动在线系统，包括配页机、上封面装置、折页单元、分切装置、三面刀、带冷却和干燥的输送带等，主要有Quickbinder、City、Golf、Master、Champion等类型。City4000胶粘订自动线具有自动调整开本功能，调节时间短、配置灵活，可实现多种功能，适用于短版活装订。Champion E胶粘订机定位于数字印刷市场，如改换产品时要对整条生产线设置进行调整，仅需15min，装订后不仅可以三面切书，还可以加入最新收集装置。

柯尔布斯高速胶粘订自动线主要有KM411、KM470、KM473等机型（图1-128）。

图1-128　柯尔布斯KM470胶粘订自动线

好利用公司的配订折联动线覆盖从折页机、配页机、配订折联动线到胶粘订机、三面切书机、小型切纸机。BQ-340型联线胶订机适于与各种黑白数字印刷机（例如施乐的DocuTech6135、6180等）连接。可带彩色封面输入装置，胶粘订速度达到330册/h，非常适合于按需印刷（POD）方式。

国产胶粘订机主要有北人胶粘订联动线，从配页、胶粘订、包封面、分切双联书本堆积机、三面切书机到输送带组成一条完整的平装书籍生产线，主要有TM系列自动高速胶粘订机、PJLX450胶订联动线、北人TSK系列TMA全电脑高速胶粘订联动线等；上海紫光有ZXJD320/10、ZXJDA40C、ZXJD450-25胶粘订自动线；深圳精密达公司有Superbinder-6000高速胶粘订联动线等。

图1-129为上海紫光ZXJD320/10胶粘订自动线，可满足社会产品的多元化品种需要和出版印刷行业日益增长的批量小而品种多、规格杂而周期短的业务要求，适用于中小批量及交货周期短的平装胶订书籍的印后加工，特别适用于品种较多的各种社会产品的装订。

Digital Robot 500C数码机器人是数码印后领导者精密达公司为数码印刷印后研发的最新解决

图1-129　上海紫光ZXJD320/10胶粘订自动线

方案。该方案采用最新技术平台推出的顶级胶订机，适合传统印刷业务、数码及影印业务，以及其他需要专业装订效果的短版胶订业务。

Digital Robot 500C数码机器人最大的特色在于它的自动化程度非常高，操作极其简单快捷。它可以实现可变数据包本成书，自动完成书芯的测厚，根据自动获取的数据完成所有工位的自动调节，真正实现"一键出书"。

3.锁线订联动系统

从配页到切书的锁线订联动生产线工艺流程为：配页机配页→传送书册→自动锁线机锁线→传送并压平→传入包本机涂胶，包封面→夹紧定型→传送、冷却定型→堆积→三面切书→输出堆积→包本出书。

意大利梅凯诺Aster锁线机结构紧凑，可连接成配锁生产线，各种型号的锁线机都装有带可旋转360°的彩色触摸屏的Siemens PLC 87程序设置器，可存储30种不同的锁线工艺，能重复调用，具有显示生产数据、设备报警、全自动调版及自动调速功能。

4.精装联动生产线

精装联动生产线可实现扒圆、起脊、上胶、粘纱布、粘堵头布、粘书背纸、套书壳、压槽成型等精装书的核心加工。书芯处理、三面裁切和精装生产线组合，其完整的工艺流程包括书背压紧、书面压平、连线上环衬、上背胶、上背衬、高频烘干、整形、压书背、冷却、干燥、输送及二次整形压书背。科尔布斯精装线主要有BF511、BF527等类型，结构紧凑，全自动快速调版，可有效缩短生产准备时间，融入了与CIP4、JDF、JMF兼容的设备信息管理技术的第二代COPILOT电脑辅助操作系统，界面友好，操作简单，并可实现设备远程诊断，适用于短版精装。

问题思考

1. 印后加工的常见工艺有哪些?
2. 印后加工的4种生产线是什么?
3. 试陈述当前我国的印后加工的数字化发展状况。

能力训练

以小组为单位制作待输出页面,并将印刷输出的页面,通过印后装订设备,完成成品的制作。

项目二
黑白印品印刷工艺及操作

项目教学目标

能独立完成黑白印刷品的输出工艺,综合运用所学知识完成产品的打印,提升操作技能。

■ 素质目标

培养学生的保密意识和法制意识;
强化学生热爱集体、热爱团队的团队合作意识。

■ 知识目标

知道黑白打印机的分类;
了解惠普(HP)M1136多功能三合一黑白激光一体机规范操作;
掌握双面打印产品操作方法;
掌握黑白打印施工单的开制方法。

■ 技能目标

能够使用黑白激光打印机输出单面印品;
能够使用黑白激光打印机输出双面印品;
学会开制单色印刷施工单。

任务一 黑白印品单面输出

任务实施 黑白印品单面印刷

1. 任务解读

熟悉黑白印刷品的单面输出工艺，综合运用所学知识完成产品的打印，提升学生的操作技能。培养学生的团队协作能力和沟通能力，增强学生的职业素养与责任意识。

2. 设备、材料及工具准备

惠普（HP）M1136多功能三合一黑白激光一体机，A3、A4纸张若干，黑白打印施工单。

3. 课堂组织

Word/PDF文档黑白单面打印。模拟公司印刷任务，将学生分成若干组，每个小组4人。1名学生担任组长，其他学生模拟客户，小组长负责与客户进行沟通（咨询、了解报价、校对供稿），并合理分配任务。小组成员接到稿件后对产品进行前期的处理，包含图像处理、排版等。教师作为数码快印部主管，协同学生对印刷产品质量进行评价。

全程由学生独立完成，教师作辅助指导，通过这样的训练提高学生的自主学习能力，培养团队协作意识，明确在制作过程中前期与客户沟通的重要性。

4. 操作步骤

黑白印品单面输出步骤如下：

① 阅读施工单，明确打印任务。
② 根据任务特点完成印前准备工作，包含产品设计、图像处理、版式设计。
③ 准备纸张，检查打印机油墨是否充足。
④ 打印输出，首先预览打印文档，检查文档是否有误；按Ctrl+P进入打印页面，设置打印方式为单面打印，选择使用纵向打印或横向打印，调整需要打印的份数。
⑤ 设置完成后开始打印，根据提示进行操作。按打印机上的OK键，启动打印程序。
⑥ 取出纸张，查看是否单面打印成功。
⑦ 将打印好的文件装订成册。

> **问题思考**
>
> 1. 黑白印品单面输出的步骤是什么？
> 2. 黑白印品单面输出的操作注意事项有哪些？

项目二 黑白印品印刷工艺及操作

能力训练

1. 选择不同内容或者形式的DM单黑白文档进行单面打印输出，熟悉打印流程。
2. 撰写《考试试卷单面输出工艺实训报告》，要求字数在800字左右。

任务二 黑白印品双面输出

任务实施

微信扫码
双面打印设置

一、黑白印品手动双面印刷

1. 任务解读

熟悉黑白印刷品的手动双面输出工艺，综合运用所学知识完成产品的打印，提升学生的操作技能。培养学生的团队协作能力和沟通能力，增强学生的职业素养与责任意识。

2. 设备、材料及工具准备

惠普（HP）M1136多功能三合一黑白激光一体机，A3、A4纸张若干，黑白打印施工单。

3. 课堂组织

Word/PDF文档黑白单面打印。模拟公司印刷任务，将学生分成若干组，每个小组4人。1名学生担任组长，其他学生模拟客户，小组长负责与客户进行沟通（咨询、了解报价、校对供稿），并合理分配任务。小组成员接到稿件后对产品进行前期的处理，包含图像处理、排版等。教师作为数码快印部主管，协同学生对印刷产品质量进行评价。

全程由学生独立完成，教师作辅助指导，通过这样的训练提高学生的自主学习能力，培养团队协作意识，明确在制作过程中前期与客户沟通的重要性。

4. 操作步骤

黑白印品手动双面输出步骤如下：

① 阅读施工单，明确打印任务。
② 根据任务特点完成印前准备工作，包含产品设计、图像处理、版式设计。
③ 准备纸张，检查打印机油墨是否充足。
④ 打印输出，首先预览打印文档，检查文档是否有误。按Ctrl+P进入打印页面，设置打印方式为单面打印，勾选页数选项—页面范围—输入奇数页或偶数页，选择使用纵向打印或横向打印，调整需要打印的份数。
⑤ 设置完成后开始打印，根据提示进行操作。
⑥ 取出纸张，查看是否单面打印成功，再将纸张反面放置于打印机中，重复以上操作。

⑦ 将打印好的文件装订成册。

二、考试试卷的印刷

1.任务解读

熟悉黑白印刷品的自动双面输出工艺，了解考试试卷的印刷品印刷工艺及流程，综合运用所学知识完成产品的印刷，提升学生的操作技能。培养学生的团队协作能力和沟通能力，增强学生的职业素养与责任意识。

2.设备、材料及工具准备

柯尼卡美能达 bizhub PRESS 1052 落地式打印机，8K、A4纸张若干，试卷。

3.课堂组织

考试试卷印刷。模拟印刷任务，将学生分成若干组，每个小组4人。1名学生担任组长，其他学生模拟客户，小组长负责与客户进行沟通（咨询、了解报价、校对供稿），并合理分配任务。小组成员接到稿件后对产品进行前期的处理，包含图像处理、排版等。教师作为数码快印部主管，协同学生对印刷产品质量进行评价。

全程由学生独立完成，教师作辅助指导，通过这样的训练提高学生的自主学习能力，培养团队协作意识，明确在制作过程中前期与客户沟通的重要性。

4.操作步骤

考试试卷自动双面输出步骤如下：

（1）整理

整理对方提供的试卷，按照试卷页面顺序整齐排列。

（2）检查

将8K大小的纸张放置于纸盒中，并检查打印机油墨是否充足。

（3）打印输出

按 Ctrl+P 进入打印页面，点击打印机属性，调整常用参数值（图2-1）。

常规设置：

① 原稿尺寸，根据打印需要设定参数。

② 原稿方向，选择横向/纵向。

③ 纸盒，自动选择。

④ 装订，根据需要设定参数。（一般选择关闭）

布局：

① 双面，需要双面打印的情况下需要勾选。

② 组合，需要拼版时设置该选项，打印试卷可勾选2合1（全尺寸）。

③ 装订位置，设定为左装订（常用装订方式）。

④ 版面分页，打印普通文档时关闭该选项，若一张纸需要印多份原稿可勾选。

图2-1　打印机设置

⑤ 原稿尺寸，根据打印需要设定参数。
⑥ 原稿方向，选择横向/纵向。
⑦ 纸张尺寸，根据打印需要选择。
⑧ 缩放，原稿与纸张尺寸不一致时需要设置缩放参数。

排纸处理：
① 装订位置，做装订。
② 装订，关闭该选项。
③ 出纸盘，自动。

纸张：勾选收集纸盒与纸张数据，可以将在打印机中装好的纸张数据自动化匹配到电脑上（图2-2）。

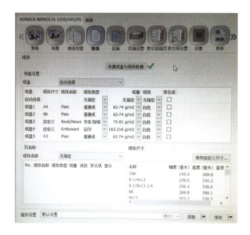

图2-2　纸张数据自动匹配

（4）设置打印机面板数据

具体步骤如下（图2-3～图2-6）。
① 点击上方复印选项；
② 倍率，调整倍率为0.908；
③ 选择单面或双面，点击1或2，可设置打印数量，打印1份或2份；
④ 根据纸张放置位置调整纸张预设定选项，选择纸盒1/纸盒2/纸盒3/纸盒4/纸盒5；
⑤ 点击应用-组合-2合1；
⑥ 点击开始Start按钮。

（5）取出查看
取出打印好的试卷，查看是否双面打印成功。

（6）装订成册
将打印好的文件装订成册。

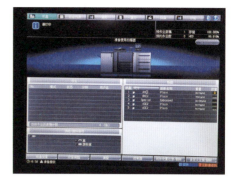

图2-3　面板数据设置（1）

图2-4　面板数据设置（2）

图2-5　面板数据设置（3）

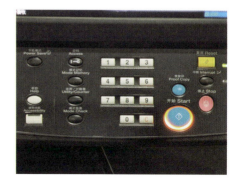

图2-6　面板数据设置（4）

5.常见打印错误

① 试卷顺序与方向放错（图2-7、图2-8）。

图2-7　试卷顺序错误　　　　　　　　图2-8　试卷方向错误

② 面板未设置缩放参数（图2-9、图2-10）。

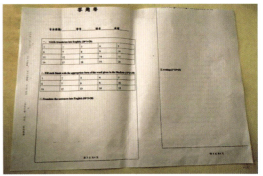

图2-9　缩放参数错误（1）　　　　　　图2-10　缩放参数错误（2）

问题思考

1.黑白印品双面输出的步骤是什么？
2.黑白印品双面输出的操作注意事项有哪些？

能力训练

1.选择不同内容的文档再次进行打印操作，熟悉打印流程。
2.撰写《考试试卷双面输出工艺实训报告》，要求字数在800字左右。

项目三
彩色印品数字印刷工艺及操作

项目教学目标

熟练掌握彩色产品数字印刷的工艺流程,综合运用所学技能完成封面、招生宣传单、精装照片书的数码输出,能对数码产品依据国家标准完成质量分析,并出具检测报告。

■ 素质目标

培养学生健康的审美观,注重陶冶情操,促进其全面发展;
培养学生标准化意识和劳动精神。

■ 知识目标

熟悉印捷数字化工作流程软件中处理器的作用及参数设置;
掌握数码印刷机基本操作规范;
初步了解数码印刷机常见的输出故障;
掌握印捷数字化工作软件拼版方法、爬移控制等知识;
了解精装书检测国家标准GB/T 30325—2013规范。

■ 技能目标

能够利用印捷数字化工作流程软件,建立一个简单的输出案例;
能够根据指示完成简单的数码印刷机故障排除;
能够对数码印刷机进行双面调整操作;
能独立完成精装照片书的制作;
能够读懂GB/T 30325—2013,并完成检测报告。

任务一　DM单数字印刷

任务实施

一、DM单单面输出

1.任务解读

熟悉彩色产品数字印刷的工艺流程，综合运用所学的单色印品输出技能完成彩色产品的印刷，提高学生使用数码印刷设备输出产品样张，并对样张进行质量分析的能力。培养学生的协作能力与沟通能力，让学生从中获得乐趣和成就感，培养学习自信与职业素养。

2.设备、材料及工具准备

柯尼卡美能达C6501数码印刷机，A3（440mm×297mm）120g铜版纸若干，真实彩色印刷工单若干。图3-1所示为一张普通的DM单（课题结题封面），成品尺寸：433mm×291mm。

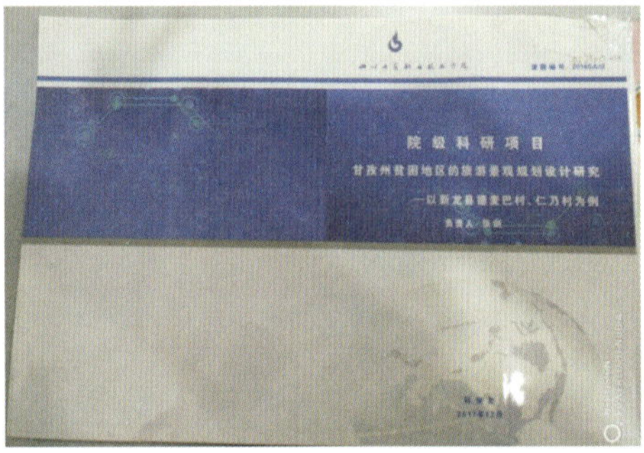

图3-1　课题结题封面

3.课堂组织

课题结题封面印刷。学生分成若干组，每组3人，每组自选出小组长1名。各组分别承担结题信息（负责人、课题编号等）的咨询和记录、数码印刷施工单开制、数码印刷机调试、承印材料准备（注意纸张幅面、类型、裁切要求）等任务。教师作为数码快印部主管，协同学生对印刷产品质量进行评价。由小组长带领各组完成印刷任务。

教师根据施工单中的印刷业务量，平均分配给各组，组长协同安排组员进行封面输出任务。

从封面设计到印刷输出的全过程都由学生完成，教师作指导。由于课题负责人信息变化较大、封面输出数量有限，属于标准的短版印刷品，客户签样一般在正式印刷之前确定，因此，在此过程中要及时与客户进行沟通。

通过真实的印刷输出可以培养学生的职业素养、职业道德，同时培养学生的团队协作以及沟通能力。

上课之前，教师为每组组长说明实践中需要完成的任务以及需要做的准备，包括项目工作过程考核指标、评分方法（考核表见表3-1）、项目实施方案、现场笔记。每人领取1份实践现场笔记，输出结束时，教师根据学生调节过程及效果进行点评，现场按评分标准在报告单上评分。

项目三 彩色印品数字印刷工艺及操作

表 3-1　项目工作过程考核表

班级		项目名称	无渐变单色数字印刷工艺（环保袋）	第＿＿组成员名单		
具体工作任务及考核（满分 100 分）：						
项目工作任务	考核指标 （打√）			完成情况/存在问题	提交材料 （打√）	分数
资讯阶段 （10 分）	查找与项目有关资料□；　主动咨询□；　认真学习项目有关工艺知识□； 团队积极研讨□；　团队合作□；　拍照□				研讨会议记录□	
计划与决策阶段 （10 分）	1.完成计划方案（4 分） 　积极研讨□；计划内容详细□；格式标准□；思路清晰□；团队合作□ 2.分析方案可行性（4 分） 　工艺合理□；项目条件充分□；分工合理□；任务清楚□；时间安排合理□； 　团队合作□；成本分析□；预计成果□；产品质量要求明确□；积极讨论□；拍照□ 3.项目前期工作准备（2 分） 　任务分配□；材料准备□；工具设备检查□；资料准备□				1.项目计划方案□ 2.会议记录□	
……	……				……	

4.操作步骤

DM 单单面印刷步骤：阅读数码印刷施工单→明确印刷任务→根据印品特点设计→准备纸张→开机安装软件，启动控制台→在客户端建立作业→处理作业→输出质量检测→印后处理（覆膜）。

数码印刷机输出部分操作如下：

（1）开机

打开数码印刷机电源，预热 20min 左右。图 3-2（a）所示为柯尼卡美能达 C6501、图 3-2（b）所示为 C2070。本案例中使用 C6501 数码印刷机。

图 3-2　柯尼卡美能达数码印刷机

（2）安装软件

由于与印刷机相连的前端输入系统为方正印捷 4.0，在输出之前需安装印捷控制台和客户端口。

（3）启动印捷控制台

启动控制台系统界面中产品输出需要的处理器，比如规范化器、折手处理器、可变数据处理器、C6501 数码印刷机等（图 3-3）。

（4）新建作业

双击打开印捷客户端，新建作业，并为其命名，以便于后期输出前的调整和修改（图 3-4）。

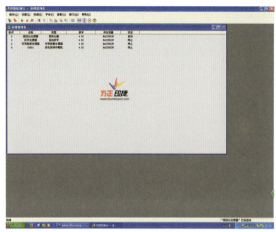
图3-3 启动印捷控制台
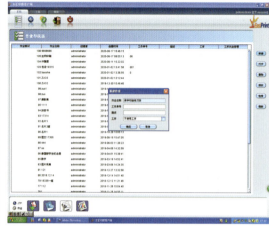
图3-4 客户端的新建作业界面

（5）规范化处理

分析待输出电子文档的格式，需转化为印捷系统可接受和识别的文件格式，比如JPG、PDF、TIF、EPS等，并将电子文件拷贝至热文件夹中待输出。一般第一个需要使用的处理器为规范化器，所以将规范化器拉入新建作业页面中，并根据电子文档（图3-5）设置其参数（需规范页面、尺寸、是否旋转等），然后如图3-6所示进行规范化处理，结束后，点击新建按钮，进行下一步操作。

图3-5 电子文档（TIF格式） 图3-6 规范化器处理过程

（6）输出

由于该印品只需要单面输出，故将C6501数码印刷机输出界面拉入文档界面，设置输出参数（纸张选择、纸盒选择、纸张质量选择、克重选择等）。注意：输出时纸张无翻转。

（7）覆膜、裁切

对于封面印刷品，为使其保存较长时间，故对封面进行覆膜处理，后经裁切机裁切，完成成品制作。

（8）质量检测与评价

对输出的样张进行质量检测，采用客观观察和密度计测量方式，对样张的色差、文本位置、清晰度等进行评价，填写现场笔记和考核表。

二、DM 单双面输出

1. 任务解读

熟悉彩色产品数字印刷的工艺流程，综合运用所学的单面彩色印品输出技能完成双面产品的印刷，提高学生使用数码印刷设备输出产品样张，并对样张进行质量分析的能力。培养学生的协作能力与沟通能力，让学生从中获得乐趣和成就感，培养学习自信与职业素养。

2. 设备、材料及工具准备

柯尼卡美能达C2070数码印刷机，A2、120g铜版纸若干，真实彩色印刷工单若干（图3-7所示为一学院单招宣传折页，成品尺寸：566mm×266mm）。

图3-7 折页样张

3. 课堂组织

学院招生宣传折页印刷（双面）。学生分成若干组，每组3人，每组自选出小组长1名。各组分别承担DM单信息检查（错别字、文档存储格式、文字是否转曲等）、数码印刷施工单开制、数码印刷机调试、承印材料准备（注意纸张幅面、类型、裁切要求）等任务。教师作为数码快印部主管,协同学生对印刷产品质量进行评价。由小组长带领各组完成印刷任务。

教师根据施工单中的印刷业务量,平均分配给各组,组长协同安排组员进行DM单输出任务。

从折页设计到印刷输出的全过程都由学生完成,教师作指导。由于该产品输出数量有限,属于短版印刷品,客户签样一般在正式印刷之前确定,因此,在此过程中要及时与客户进行沟通。

通过真实的印刷输出可以培养学生的职业素养、职业道德,同时培养学生的团队协作以及沟通能力。

上课之前,教师为每组组长说明实践中需要完成的任务以及需要做的准备,包括项目工作过程考核指标,评分方法(考核表)、项目实施方案、现场笔记。每人领取1份实践现场笔记,输出结束时,教师根据学生调节过程及效果进行点评,现场按评分标准在报告单上评分。

4. 操作步骤

阅读数码印刷施工单→明确印刷任务→根据印品特点设计→准备纸张→开机安装驱动软件→双面调整→打印输出→质量检测→印后处理。

本案例使用柯尼卡美能达C2070型数码印刷机(图3-2b)。数码印刷机输出部分操作简化如下。

(1)打开电源

首先打开主机的前门,然后打开主电源开关。打开主电源开关时,控制面板上的电源LED会亮起橙灯。打开主机右上角的副电源开关,打开时,控制面板上的电源LED会亮起蓝灯。

注意:将主电源开关关闭后重新打开时,请务必等待10秒钟或以上,然后再打开主电源开关(图3-8)。如果在10秒内打开了主电源开关,机器可能会运行不正常。

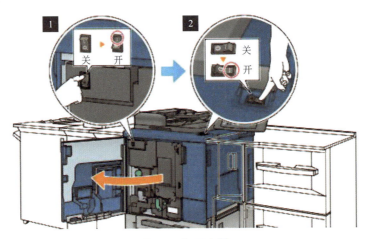

图3-8 打开电源

(2)装入纸张(主机纸盒)

① 拉出要将纸张装入的纸盒。操作图示如图3-9所示。

注意:务必完全拉出纸盒直到显示纸盒左后侧上的蓝色标签。否则,进纸辊可能无法打开或者可能会发生其他机器故障。

② 打开进纸辊。操作图示见图3-9。

③ 逆时针旋转两个侧导板锁定旋钮(正面和背面)将其松开。操作图示见图3-10。

项目三　彩色印品数字印刷工艺及操作

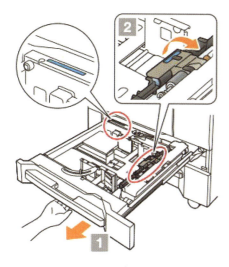

图3-9　步骤①和②操作

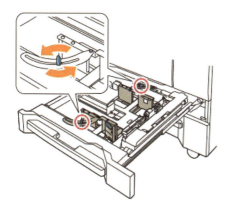

图3-10　步骤③操作

④ 按下侧导板锁定释放杆（图中①）时，将其滑动到任意位置（图中②）。滑动正面和背面侧导板。根据纸盒底部导板的尺寸指示器确定位置。操作图示见图3-11。

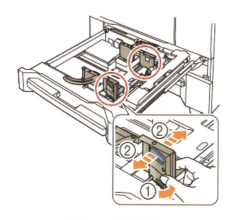

图3-11　步骤④操作

⑤ 将后导板滑动到任意位置。根据纸盒底部导板的尺寸指示器确定位置。若要将侧导板固定在正确的位置，将适当量的纸张装入纸盒时与纸盒右侧对齐即可。操作图示见图3-12。

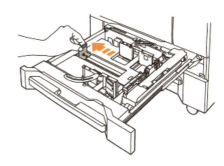

图3-12　步骤⑤操作

注意：装入纸张时让打印面朝下。

⑥ 将侧导板紧贴纸张。

⑦ 顺时针旋转两个侧导板锁定旋钮（正面和背面）将其固定。操作图示见图3-13。

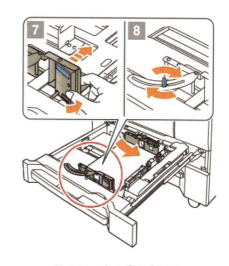

图3-13　步骤⑦和⑧操作

⑧ 将剩余的纸张装入纸盒，然后将后导板紧贴纸张。操作图示见图3-13。

注意：纸盒1中装纸不要超过500张（80g/m²），纸盒2中装纸不要超过1000张（80g/m²）。装纸时注意不要超过在侧导板上表示高度上限的标记，否则可能会卡纸。

确定后，将导板紧贴纸张。如果后导板

和纸张之间有间隙，打印机可能无法检测正确的纸张尺寸，可能会造成进纸器机械错误。确认纸张的操作指南避免发生卡纸。

⑨ 关闭纸盒，推入纸盒直到其锁定到位。操作图示见图3-14。

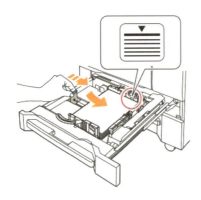

图3-14 步骤9操作

此时，[机器] 或 [复印] 画面的纸盒信息显示区中，纸量指示器从 ⬇ 变为 ▬。

注意：关闭纸盒时要小心。否则，机器可能会因纸盒或纸张重量受到意外碰撞，有可能导致机械错误。

（3）指定纸盒的纸张信息

为装入纸盒的纸张指定所需信息（尺寸、类型、重量和其他数值）。如果装入标准尺寸纸张，会自动识别其尺寸。若要装入自定义尺寸纸张，需指定所需尺寸。

① 按 [机器] 画面上的 [纸张设置]（图3-15）。

图3-15 纸张设置

② 选择装有纸张的纸盒，然后按 [更改设置]（图3-16）。

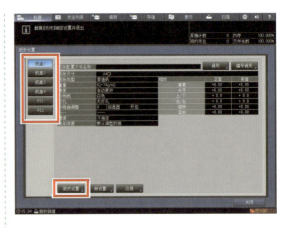

图3-16 更改设置

③ 按 [纸张类型] 选择所需的纸张类型（图3-17）。

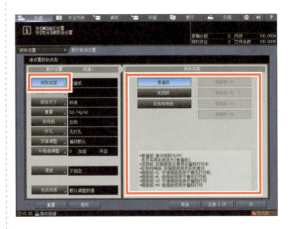

图3-17 更改纸张类型

④ 按 [纸张尺寸] 选择所需的纸张类型（图3-18）。

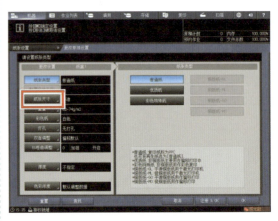

图3-18 更改纸张尺寸

⑤ 选择［尺寸设置］下的其中一个选项，以符合装入纸盒中的纸张（图3-19）。

⑥ 指定尺寸（图3-20）。［标准］：自动识别。在［搜索尺寸设置］中，可以选择要检测的尺寸。但很多尺寸的差别很小，这样机器在尺寸检测操作中便无法分辨出来。若将这些尺寸确定为一种尺寸以便让机器判断出来，可以选择要在［搜索尺寸设置］中检测到的尺寸。

图3-19　尺寸设置

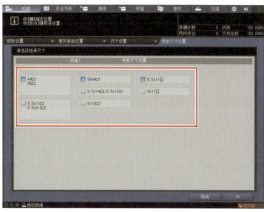

图3-20　指定尺寸

⑦ 按［OK］，返回［纸张设置］画面（图3-21）。

⑧ 按［关闭］，返回［机器］画面。如果按下［复印］画面上的［纸张设置］指定纸张尺寸，画面会返回［复印］画面。这样便完成了纸张设置（图3-22）。

图3-21　返回纸张设置

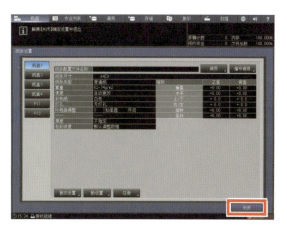

图3-22　关闭纸张设置

（4）双面调整

由于本案例是单独招生宣传折页，需双面印刷，故需进行双面调整。进行双面打印时，可以调整正面和背面之间的错误对位以将正面和背面的打印位置对齐。调整对比如图3-23、图3-24所示。

（5）进行打印

① 首先确认原稿数据是否按以下流程打印。

② 准备打印机驱动程序和应用程序。

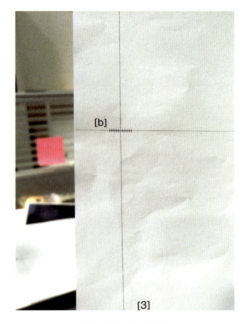

图 3-23　调整前　　　　　　　　　　　　图 3-24　调整后

③ 配置装入打印机中某个纸盒的纸张信息。指定纸张的类型、尺寸、重量和其他数值。

④ 使用打印机驱动程序打印数据。单击应用程序文件菜单中的[打印]以显示打印窗口。从[打印机]中选择安装的打印机驱动程序，然后单击[属性]。

⑤ 在打印机驱动程序设置画面上选择原稿数据的纸张信息、纸盒信息（图3-25、图3-26）。

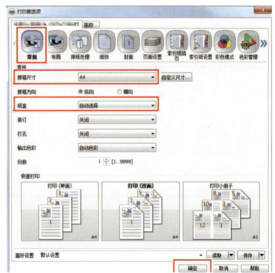

图 3-25　纸张信息　　　　　　　　　　　图 3-26　纸盒信息

⑥ 单击[打印]。原稿数据将被打印，打印页将输出到该打印机的出纸盘。

（6）检查排纸处理效果

打印数据后，检查图像质量再现效果、打印位置错误对位、折叠或装订位置以及其他项目。

任务知识 双面调整

进行双面调整的原因是，定影单元的热影响可能会在打印过程中造成纸张轻微放大或缩小。影响的程度取决于纸张的类型或重量，因此，如果更改了装入纸盒中的纸张，请务必执行双面调整。

执行双面调整可以使用两种方法：从［机器］画面上的［纸张设置］或［双面调整］进入。下面介绍从［纸张设置］进入进行调整的步骤。

1.确认打印面的参考位置

在［机器］画面上选择［调整］-［机器调整］-［打印机调整］，出现以下内容。

- ［01 重启时序调整］
- ［02 对中调整］
- ［03 FD-缩放调整］
- ［04 CD-缩放调整］

首先按照03→04→01→02的顺序调整正面，然后按照相同的顺序调整背面。

2.调整纸盒

对各纸盒进行双面调整有以下调整方法可用。

（1）自动测量调整

此方法使用智能图像质量优化组件IQ-501扫描调整图表的双面并自动进行双面调整。

具体而言，使用本机的智能图像质量优化组件IQ-501扫描在［打印模式］中打印输出的调整图表的双面，并自动进行双面调整。调整后，此画面上的各调整值（［缩放］、［图像偏移］和［旋转/倾斜］）会更新。打印多张调整图表时，调整值将以平均值获取，从而实现高精确度的调整。最多可以集中打印20张调整图表。

① 按［机器］画面上的［纸张设置］（图3-27）。

② 选择装入目标纸张的纸盒，然后按［更改设置］（图3-28）。

图3-27　纸张设置

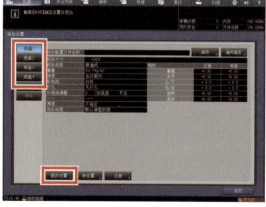

图3-28　更改设置

③ 按［双面调整］（图3-29）。

④ 确认已显示［自动测量］，然后按［打印模式］（图3-30）。

图3-29　双面调整

图3-30　打印模式

⑤ 输入要打印调整图表的数量。最多可以打印20张调整图表。随着图表数量的增加，调整值的准确度也会提升。

⑥ 按控制面板上的［开始］。调整图表将打印在步骤2中所选择纸盒中的纸张上。

⑦ 之后将显示［自动测量］画面，此画面上的每个调整值均会更新。打印出一个调整图表，检查结果，然后重复步骤5至7，直到正面和背面之间没有对位偏差（图3-31）。

⑧ 调整完成后，按［OK］（图3-32）。

图3-31　自动测量

图3-32　退出调整

（2）扫描测量调整

此方法通过参考正面来调整背面的缩放比和打印位置以便让正反面外观一致。使用本机的扫描仪功能可自动执行双面调整。

通过使用本机的扫描仪功能测量背面到正面打印位置的差值量，可以自动调整背面的放大倍率和打印位置，无需使用标尺测量差值量，且可以对本机可使用的所有尺寸纸张进行此调整。打印出1～20张双面打印的调整图表，每张扫描4次。然后，计算出通过扫描最多20张调整图表所获得的背面到正面打印位置的差值量的平均值，以便调整背面的放大倍率和打印位置。

① 按［机器］画面上的［纸张设置］。
② 选择装有目标纸张的纸盒，然后按［更改设置］。
③ 按［双面调整］。
④ 确认显示［扫描测量］后，按［输出背色纸］（图3-33）。
⑤ 显示［打印模式］画面时，按控制面板上的［开始］，背色纸会被打印出来。如果已有可用于测量的背色纸，则无需再打印背色纸。继续执行第7步。

注意：使用A3或11×17纸张输出背色纸。按下［输出背色纸］以显示背色纸的打印模式画面时，会在画面上自动选择第2步中选择的纸盒，但也可以根据需要更改此设置，选择装有A3或11×17纸张的纸盒。同时，也可以更改打印计数，但仅需一页即可。如果背色纸的尺寸小于A3或11×17，可能无法执行扫描测量。

⑥ 按［退出打印模式］。
⑦ 按［输出调整图表］。
⑧ 输入想要打印的调整图表的数量。可以打印出20张或更多的调整图表，但只能连续扫描测量最多20张调整图表（图3-34）。

图3-33　输出背色纸

图3-34　输入调整图表数量

⑨ 按控制面板上的［开始］。调整图表将会在第2步中所选的纸盒中纸张的双面上打印。
⑩ 按［退出打印模式］（图3-35）。

图3-35　退出打印

⑪ 按［2.扫描调整图表］，将显示［扫描调整图表］画面（图3-36）。

图3-36　扫描调整图表

⑫ 将调整图表放在原稿台玻璃上（图3-37）。打开ADF，将调整图表正面朝上放置（背对原稿台玻璃），使纸张的上部与玻璃的远端齐平。将调整图表的左上角置于原稿台玻璃上分别距离垂直尺寸导板和水平尺寸导板约2英寸（约5cm）处，确保纸张左侧和上部分别与垂直尺寸导板和水平尺寸导板平行。

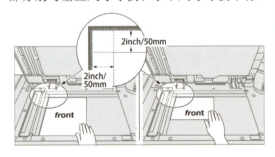

图3-37　将调整图表放玻璃台

⑬ 将背色纸置于原稿台玻璃上，然后关闭ADF。如图3-38所示，将背色纸的黑色面面朝下放置（面向原稿台玻璃），然后使其与垂直尺寸导板和水平尺寸导板齐平。操作时请小心，确保不要将之前放置好的调整图表移位。

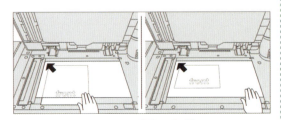

图3-38　背色纸扫描

⑭ 按［扫描调整图表］画面上的［开始］，调整图表将被扫描（图3-39）。扫描正确完成后，扫描调整图表画面上的［扫描数量］将加1，而且图中所示画面上的蓝色框将向右侧移动一位（图3-40）。

图3-39　扫描图表

图3-40　图表逐次被扫描

如果在蓝色框移动到下一位前移动了调整图表，测量可能无法正确执行。

如果ADF被打开，扫描会失败，并会显示一条信息。关闭ADF，然后按信息对话框中的［关闭］。

如果扫描失败，可能会显示信息，这时要按照画面指示正确放置调整图表和背色纸，然后按［关闭］。

如果在扫描测量期间按下扫描调整图表画面上的［返回］，会显示确认是否中断扫描测量的信息。若要放弃之前的测量结果，按

[是],然后从首个扫描测量开始重试扫描流程;如果要继续扫描测量,按[否]。

⑮ 为每个调整图表重复扫描步骤12至14四次。

第一次:将调整图表的正面面朝上放置(背对原稿台玻璃),使其上边位于内侧(图3-41)。

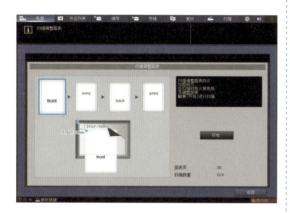

图3-41　第一次

第二次:将调整图表的正面面朝上放置(背对原稿台玻璃),使其底边位于内侧(图3-42)。

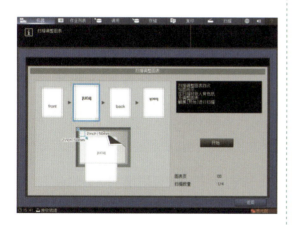

图3-42　第二次

第三次:将调整图表的背面面朝上放置(背对原稿台玻璃),使其上边位于内侧(图3-43)。

第四次:将调整图表的背面面朝上放置(背对原稿台玻璃),使其底边位于内侧(图3-44)。

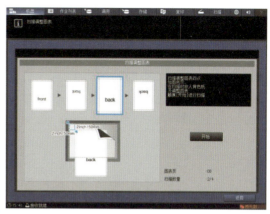

图3-43　第三次

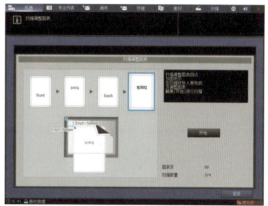

图3-44　第四次

四次扫描完成后,会显示计算调整值的对话。

⑯ 选择是继续扫描测量,还是完成扫描测量并计算调整值。

图3-45　调整结束

若要继续扫描测量,按[否]。若要完成扫描测量并计算调整值,按[是]。按[否]会返回[扫描调整图表]画面,其上[图表页]的计数会加1。为各调整图表重复第12至15步,测量结果将被添加。此操作最多可以重复20次(图3-45)。

按[是]会从添加的测量结果自动计算调整值,并将其反映到[背面]中的缩放和图像偏移上,以及[旋转/倾斜]中的设置中。按下[是]后,会输出一张调整图表以便确认结果。如果需要重新调整,请重复第8至16步。

如果按下[是]后获得的调整值超出了可用调整范围,会显示提示已超出可用调整范围的信息。按[关闭]放弃调整值,然后从开头重新尝试进行扫描测量。

超出调整范围的可能原因可能有:扫描测量中使用的图表不正确(使用了不同的图表)、正面的打印位置调整不佳,或者未完成参考位置的调整。重新开始扫描测量前,请确认这些问题。

如果[背面倍率调整]设置为[关闭],将不会调整进纸方向上的缩放比。

⑰ 调整完成后,按[OK](图3-46)。若要对调整值进行精确的调整,请继续执行"缩放和图像偏移调整"中的第4步。

⑱ 按[关闭]退出调整,便完成了扫描测量调整(图3-47)。

图3-46 调整完成

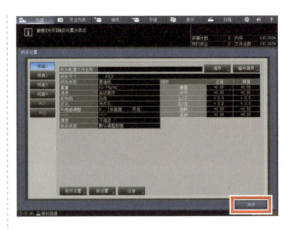

图3-47 关闭

(3)差值调整

此方法用于使两面对齐,根据正面来修正背面倍率及打印位置。

若要调整差值,打印出一张图表,使用标尺在背面指定的测量点对正面和背面之间的差值进行测量,从而确定调整值并输入该值(根据正面的图像位置调整背面的缩放比和图像位置)。

① 按[机器]画面上的[纸张设置]。

② 选择装有目标纸张的纸盒,然后按[更改设置]。

③ 按[双面调整]。

④ 选择[差值],然后按[打印模式](图3-48)。

图3-48 差值调整

⑤ 显示[打印模式]画面时,按控制面板上的[开始],测试表会被打印出来。

⑥按［退出打印模式］。

⑦对打印出图表［back］面上［a］至［d］的各点正面和背面之间的差值进行测量。

图3-49所示为测量［a］的示例。标尺精度为0.5mm。在图中，黑线表示正面，而蓝线表示背面。测量值能够以最大0.1mm为单位输入。如图3-49中所示，如果［a］的标尺与正面相比正侧偏移1.5mm，则按［1］-［5］-［+/-］，输入"-1.5"作为调整值。然后，背面的蓝线将向负侧移动1.5mm。

记录下测量的数值，这样便不会忘记。

⑧按各点的［a］至［d］，然后使用画面上的数字键盘、［▼］或［▲］输入调整值（图3-50）。

如果打印位置向负（-）侧偏移，则输入正值（+）。如果打印位置向正（+）侧偏移，则输入负值（-）。

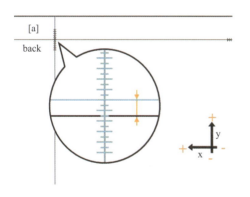

图3-49 差值测量

若要复位数值，按［清除］。

若要切换正号（+）和负号（-），按［+/-］。

⑨输入处理完成时，按［开始调整］。输入后的调整值即被应用。如果［背面倍率调整］设置为［关闭］，则不应用［d］［背面的横向倍率（水平）调整值］。

⑩按控制面板上的开始，测试表会被打印出来。

⑪确认打印出图表的打印位置差值。重复步骤7至10，直到清除正面和背面之间的所有差值。

⑫按［退出打印模式］。

⑬调整完成后，按［OK］。

⑭按［关闭］退出调整，便完成了差值调整。

（4）图表调整

此方法用于使两面对齐，同时修正正面和背面的倍率及打印位置。可以打印出双面调整图表，使用标尺对测量点进行测量，然后输入测量值以执行调整。

①按［机器］画面上的［纸张设置］。

②选择装有目标纸张的纸盒，然后按［更改设置］。

③按［双面调整］。

④选择［正面］，然后按［图表调整］（图3-51）。

⑤按［打印模式］（图3-52）。

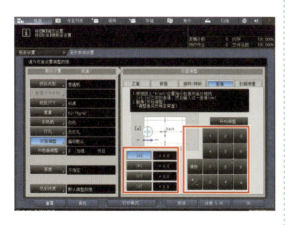

图3-50 输入调整值

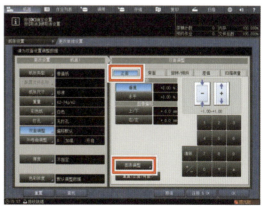

图3-51 图表调整

图3-52 打印图表

图3-54 输入测量值

（5）缩放和图像偏移调整

此方法用于在扫描测量调整、差值调整或图表调整后进行微调，或在得出两面之间的错误对位量时使用。

① 显示［打印模式］画面时，按控制面板上的［开始］，测试表会被打印出来。

② 按［退出打印模式］。

③ 使用标尺测量打印图表上［1］至［8］各点之间的线条长度。图3-53显示了测量［1］和［5］点的示例。如该示例中所示，测量各打印点的线条长度。测量值能够以最大0.1mm为单位输入。记录下测量的长度，这样便不会忘记（图3-54）。

④ 按下各点的编号，然后使用画面上的数字键盘、［▼］或［▲］输入测量的长度。若要复位数值，按［清除］。

⑤ 输入处理完成时，按［开始调整］，在下一步中，调整背面。

⑥ 选择［背面］，然后按［图表调整］。

⑦ 按［打印模式］。

⑧ 显示［打印模式］画面时，按控制面板上的［开始］，测试表会被打印出来。

⑨ 按退出［打印模式］。

⑩ 测量输出表［back］侧所打印的［1］至［4］的标记与［front］侧上标记之间的错误对位。

图3-55所示为测量［1］的示例。标尺精度为0.5mm。黑色标记表示正面，而蓝色标记表示背面。

测量水平方向（X轴）与垂直方向（Y轴）中打印位置之间的错误对位。

测量值能够以最大0.1mm为单位输入。如图3-56所示，与正面相比，如果点［1］的背面向X方向正侧偏移2.0mm，向Y方向负侧偏移1.5mm，按X方向的［2］-［0］-［+/-］输入"-2.0"作为调整值，并按Y方向的［1］-［5］输入"+1.5"作为调整值。然后，点［1］的背面蓝线将向X方向负侧移动2.0mm，同时向Y方向正侧移动1.5mm。记录下测量的数值，这样便不会忘记。

⑪ 按下各点的［X］或［Y］，然后使用

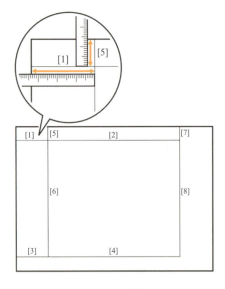

图3-53 测量长度

画面上的数字键盘、[▼] 或 [▲] 输入测量的数值。

如果打印位置向负（-）侧偏移，输入正值（+）；如果打印位置向正（+）侧偏移，输入负值（-）。若要复位数值，按 [清除]。若要切换正号（+）和负号（-），按 [+/-]。

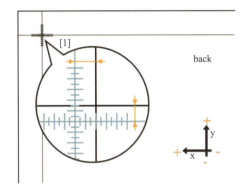

图3-55　测量长度

图3-56　输入测量值

⑫ 输入处理完成时，按 [开始调整]。
⑬ 调整完成后，按 [OK]。
⑭ 按 [关闭] 退出调整。

问题思考

1. 目前，数字印刷企业、数码快印店常见的数码印刷机是什么品牌？其成像原理是什么？
2. 数字印刷输出方式相较于传统印刷有哪些突出优势？
3. 数码印刷输出过程中常见印刷故障有哪些？
4. 数码输出中经常出现卡纸故障，请分析其原因。

能力训练

选择一种数码印刷机，针对一款名片进行流程拼版后，完成其大版的输出。
选择一种数码印刷机，针对双面印刷书刊内页进行输出，并对其双面调整参数进行设置。

任务二 照片书数字印刷

任务实施 照片书印刷

1. 任务解读

熟悉单张纸彩色数字印刷的工艺流程，综合运用所学的知识完成照片书的印刷，提高学生操作数码印刷机的技能。培养学生的团队协作能力与沟通能力，以及细心、耐心工作的习惯，使其在学习中找到自己的学习兴趣，获取任务完成后的成就感，培养自信心和职业素养。

2. 设备、材料及工具准备

柯尼卡美能达6501数码印刷机，A3、A4纸张若干，彩色数字印刷施工单。图3-57所示为一本精美的家具宣传画册。

图3-57　家具宣传画册

3. 课堂组织

照片书（家具宣传册）产品印刷。学生分成若干组，每组3人，每组自选出小组长1名。各组分别承担与客户沟通（咨询、选片、询价、印后装帧等）、数码印刷施工单开制、照片拍摄、后期精修等任务。教师作为数码快印部主管，协同学生对印刷产品质量进行评价。由小组长带领各组完成印刷任务。

教师根据施工单中的印刷业务量，平均分配给各组，组长协同安排组员进行照片书输出任务。

从影像采集到印刷输出的全过程都由学生完成，教师作指导。由于宣传册属于人性化定制印品，输出数量较少，客户签样一般在正式印刷之前确定，因此，在此过程中要及时与客户进行沟通。

通过真实的印刷输出可以培养学生的职业素养、职业道德，同时培养学生的团队协作以及沟通能力。

上课之前，教师为每组组长说明实践中需要完成的任务以及需要做的准备，包括项目工作过程考核指标,评分方法(考核表)、项目实施方案、现场笔记。每人领取1份实践现场笔记,输出结束时,教师根据学生调节过程及效果进行点评,现场按评分标准在报告单上评分。

4.操作步骤

1)开制数码印刷施工单

根据常见的数码印刷施工单(表3-2),结合施工单的组成、纸张用量计算、成本计算等知识点,开制针对于此次照片书数码印刷的施工单。待输出的施工单成品尺寸为220mm×220mm,根据目前库存纸张尺寸,计算拼版尺寸、上机尺寸,并最终计算出用纸量,以及最终价格。

表3-2 照片书施工单

客户名称	320公司	合同单号	007	施工单号	007	交货日期	2019年7月20日
印件名称	精美画册			成品尺寸	220mm×220mm	印数	1000本
拼版	八开拼版		拼版尺寸		内页	240mm×460mm	
					封面	240mm×480mm	
			印刷色数		内页	四色	
					封面	四色	
用纸	用纸名称	内页	157g/m² 铜版纸	用纸数	3125张全开纸		
		封面	175g/m² 铜版纸		250张全开纸		
	开纸尺寸	240mm×480mm		加放数	内页200张	封面200张	
印刷	印刷用纸	3125张全开纸	印刷色数	4	印刷机型	柯尼卡美能达	
	上机尺寸	240mm×480mm	下机数量		对开纸		
折页	折页方式	对折	装订		蝴蝶装		
印后加工				蝴蝶装、覆膜			
开单员		审核时间		开单时间		2019年5月20日	

2)印前设计

根据生产施工单要求确定尺寸。此照片书的成品尺寸为220mm×220mm,出血设置为2.5mm,印前设计制作文档的分辨率为400dpi,最终页面的导出格式为TIFF,颜色模式为CMYK。将页面中的文字进行转曲处理。内页设计如图3-58所示,封面设计如图3-59所示。

书芯尺寸:220mm×220mm

封面尺寸:506mm×256mm

图 3-58　内页设计

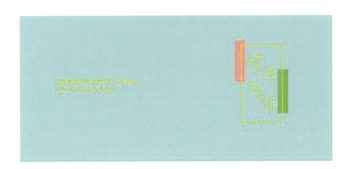

图 3-59　封面设计

3）数字印刷

将设计好的内页和封面借助数码印刷机进行输出（内页纸张为 157g 的铜版纸，封面输出用纸为 175g 铜版纸），且在输出过程中务必保证电脑流程端的参数设置与数码印刷机用纸尺寸、纸张类型（高质量或普通纸）、纸盒选择一致。

操作流程简述如下：

① 提前将待输出页面保存至热文件夹中，拖入规范化器，勾选添加文件按钮，选择待输出的内页页面，处理结果为文件格式均为 PDF 格式，点击新建，进行下一个处理器的处理。

② 本案例使用的是柯尼卡美能达 C6501 数码印刷机，拖入该处理器即可输出页面或封面页面。

注意：选择合适的纸张尺寸、纸盒、纸型，当需要双面输出时，务必选定翻转类型，短边翻转或长边翻转。打印后的样张如图 3-60 所示。

图 3-60　打印后样张

4）印后加工

本案例印后加工采用蝴蝶精装工艺。蝴蝶精装结构图如图 3-61 所示。

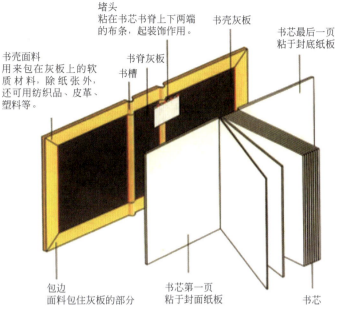

图 3-61　蝴蝶精装结构图

① 裱壳。确定裱壳所需灰板数量及尺寸。一本精装书需要两块灰板和一块背脊条。灰板的高度为上飘口 3mm + 书芯高度 + 下飘口 3mm，灰板的宽度为书芯宽度 −4mm；背脊条宽度为书芯厚度 + 封面封底灰板厚度（注：灰板厚度为 2.5mm），图 3-62 为裱壳示意图。

② 封面对裱。用针按封面角线位置标定每块灰板的位置并刺透，沿背面针孔画线。确定封面对裱位置（图 3-63）。把封面背面过胶水机上胶，灰板按划线位置放置。用毛巾擦拭去除气泡以及胶水。图 3-64 为封面对裱示意图。

图 3-62　裱壳示意图

图 3-63　封面对裱位置

图 3-64　封面对裱示意图

③ 封面包边切角处理。对放置好灰板的封面按包边要求进行切角，切角位置与灰板角的距离约 4～5mm（切角位置直接影响整本书的成型线条美感，切太多包不住纸板，切太少又不利于包角；包边一般为 20mm），如图 3-65 所示为包边切角。

图 3-65　包边切角

④ 封面包边。切角后对各边逐一包边、握角，以致成型。包边顺序为先包书槽边，后包翻书边（纵向为书槽边，横向为翻书边），如图 3-66～图 3-68 所示。

图 3-66　包书槽边　　　　　　　　　　　图 3-67　包翻书边

图 3-68　封面对裱效果图

⑤ 书芯对裱。将印有图文的纸朝里压痕、对折。将书芯按翻书顺序编号，按倒序将书芯一张一张粘贴在一起，压平，自然晾干，然后裁切掉出血，做成成品，并在书脊两端贴上堵头布（图3-69）。按书芯尺寸将书壳制作成型（书芯P数建议在30P以内，纸张一般选择250～300g的，书芯越厚，书槽宽度越大）。

图3-69　书芯对裱

5）书脊成型

将书芯压平成型后，裁切掉内页对裱时贴歪斜的部分和出血部分（裁切时建议先裁切空白部分，再裁切有出血的图文部分，这样可保证上下和开口裁平，也可保证内容的安全性），将精装专用堵头布裁下两厘米贴在书脊两端（贴堵头布时要留出两毫米左右），如图3-70所示。

图3-70　书脊成型

6）成品处理

将书芯放置于书壳内合适位置，按图3-71所示为书壳背面刷胶，将书壳与书芯粘在一起，最后上压平机压平，自然干燥定型。

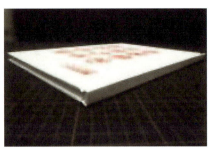

图3-71　成品

7）质量检测

在印后加工精装书工艺中，由于工艺流长且工序复杂，各种要求都需做到精益求精，不容许犯错。在实际操作中，任何一道工序的错误都有可能造成各种质量问题，对于这些存在的问题都必须进行改善，从而提高精装书整体成型的质量水平。

本案例制作的精装书质量检测按照《精装书书籍要求》（GB/T 30325—2013）的内容进行（图3-72），并参考企业真实的检测报告内容，由各小组成员完成相关参数的测量、记录、评价。

图3-72　精装书质量标准

任务知识

一、影像采集

在做好拍摄现场布置之后，就可以对家具进行影像采集了。家具拍摄包括局部拍摄、单体拍摄、组合拍摄。

1.局部拍摄

主要目的是突出产品的细节和特色，比如茶几台面上的花纹、抽屉的拉手、抽屉的内部结构、材质本身的纹路。打光也会更具针对性使需要突出的部分被清楚地拍摄出来，哪怕产品边缘模糊一些都没有关系，只需要局部清晰，拍摄出来的图片就是可行的。

由图3-73可见，此图主要突出金色镶边、黑色木材上的木纹和大理石局部花纹三个重点部分，后面沙发整体发虚。

2. 单体拍摄

单体拍摄不同于局部拍摄，单体拍摄更加强调产品的清晰度，尽可能多地去展现出产品的细节，包括组合拍摄也是一样的。对单品进行拍摄的时候，通常拍摄角度正前方偏左30°和正前方偏右30°方向区间之内。当产品的颜色和细节大部分在正面时，在产品正前方进行拍摄。单品拍摄时可能会出现一些问题，比如正面凹纹不清楚，台面反光过多。出现这种情况的时候，就需要多拍几张图片，并保持相机和产品相对位置不变、相机焦距不变。正面凹

图3-73 茶几局部

纹不清楚是由于产品反射了地板上的光，在产品正前方放置一块黑布，吸收掉射向地板的光，这样就能得到清晰的正面凹纹。台面反光过多也是和凹纹显示不清是一个道理，不过台面反光是因为产品所处的场景中窗户照射的光，这时需要在产品和窗户之间隔一块黑板子，挡住和吸收照射到台面上多余的光线。拍摄时，根据产品风格的确定，给予冷色调或暖色调环境，拍摄出几张图片，每张图片所用的部分不一样，之后把几张图片合成一张图片即可。

图3-74 遮挡茶几台面　　　　　　　　图3-75 茶几

对比图3-74与图3-75可发现茶几的大理石台面上的变化。图3-75由于光的照射，导致台面上出现了反光，拍摄时大理石的纹路受到影响，不能作为宣传产品的图像。于是，摄影师利用黑板吸收正面反射的光线，挡住背后照射的光线，由此拍摄出清晰的大理石纹理。

3. 组合拍摄

组合拍照是根据客户的要求，把同一个系列的不同家具放在房间中特定的位置一起拍摄，尽可能使产品和产品之间互不遮挡、互不干扰，但不影响家具在房间中放置的自然程度（图3-76～图3-83）。这便需要摄影师有很好的空间感知能力。组合拍摄出现的问题就是聚焦，因

为是多个产品在一张图上，想要一次拍摄全部产品且保证都清晰的话，就要拉长焦距，但产品就会因此变小而丢失细节。解决的方法是在镜头前挡住其他产品，使镜头里只出现一个产品，以此类推，拍摄出各个产品清晰的图片，注意同样不能改变相对位置、焦距和灯光。组合拍摄的难度会大一些，一般都由五张或五张以上的图片合成，往往难免在相机按下快门后有些微微的偏移，导致后期合成的产品不能重合在一起。

图3-76　整体拍摄

图3-77　拍摄电视柜正面凹纹

图3-78　拍摄茶几台面图

图3-79　拍摄茶几正面凹纹

图3-80　茶几整体拍摄

图3-81　餐桌整体拍摄

图 3-82　拍摄茶几中部木纹　　　　　　　　图 3-83　拍摄电视柜中部木纹

二、后期精修

Photoshop 是 Adobe 公司推出的大型图像处理软件。它支持许多图像格式，对图像的常见操作和变换做到了非常精细的程度，可对图像做各种变换，如放大、缩小、旋转、斜切、镜像，也可对图像进行复制、去除斑点、修补、残损修饰等。其中，校色调色功能可方便快捷地对图像的颜色进行明暗、色偏的调整和校正。拍摄出来的图片不能直接拿来印刷，往往要经过 Photoshop 的修改才能得到满意的效果。

对于图形图像处理专业的学生来说，美术基础相对薄弱，制作图形只能对照相关书籍一步一步做，想要自己做出一张好图就要不停地练习。因为广告摄影对视觉的要求非常严格，只会操作软件不懂色彩、构图、造型的搭配，将无法达到工作要求，因此要多学一些美术知识，充分利用网络资源提升艺术感觉。

1.抠图

抠图的方式有很多种，矩形选框工具、套索工具、魔棒工具、钢笔工具，甚至画笔工具也可以抠图。但由于在广告行业对图像精细的要求，一般只用钢笔工具勾选出路径后转为选区来抠图。经过拍摄后的图片会批量地大概调整一下明度、饱和度数值，在由相机转入电脑时，不同的色彩配置文件需要由相机提供的软件进行转换，并把格式转为 TIFF。抠图看似简单，但要求对拍摄好图片有良好的识别度，能够看懂摄影师想要图片中的哪一部分。在广告公司的后期处理的岗位上工作，需要对软件操作有很好的熟练度，牢记各个功能的快捷键，以迅速方便的方式进行图像处理。抠图没有捷径，只有学而时习之，掌握钢笔工具的原理，做到"人领着路径走，而不是路径领着人走"。提升速度是在广告公司生存下去的条件。

抠图主要熟悉的工具和快捷键，以 Photoshop CS6 为例，有"钢笔工具 P""移动工具 V""路径转为选区 Ctrl+Enter""羽化 Shift+F6""复制到下一图层 Ctrl+J""合并上一图层 Ctrl+E""取消选区 Ctrl+D""返回上一步 Ctrl+Z"。

抠图一般需要将产品、饰品、地毯、地板、背景分为不同的图层。其中，产品上有不同颜色和不同材质的又要分图层，以便于后面对各个颜色进行调色。抠图需要注意的是，用钢笔工具描产品边缘的时候，不能描到产品外边，这样会使得抠出来的产品有毛边；要往产品里面抠一点，在一个到三个像素之间。抠图之前先观察图片，明白每张图片所需要的部分。

图 3-84、图 3-85 选取的部分不一样。图 3-86 和图 3-87 都是环境光偏暗，亮起了灯，将两

个灯分开照是为了避免同时亮着的时候光线太强而曝光，也解决了各自清晰度的问题。选择亮灯的图3-84，将灯和灯后面部分背景做选区，羽化50，复制到图3-85相同的位置。图3-86和图3-87看起来一样，其实有些微的差别，仔细看就可以看出图3-86的床头柜比图3-87的亮一些，木纹更清楚一些，所以选择图3-86抠选产品。先抠选出床和床头柜，复制到一个图层，再抠选衣柜为另一个图层，再逐个细分产品上的黄色、金色、白色，将每一种颜色各放在一个图层。若不是主要产品的家具可不用细分颜色，如图3-86左下角的沙发。饰品可全部放于一个图层，如图3-86中的酒杯酒瓶、花篮、陶瓷制品和灯。每次转为选区后都要羽化0.5个像素值，保持产品边缘的圆滑程度。就这组图而言需要注意图3-86和图3-87是没亮灯的，图3-84和图3-85是亮灯的，需要抠选亮的灯。抠选好产品和饰品后，进行复制，在图3-85中粘贴。选择图3-84和图3-85合并的作为背景，一般情况下在背景中抠选地毯和地板，其中背景上的窗户抠选能透视的位置删掉，为更换远景做准备。

图3-84　拍摄左边台灯及背景

图3-85　拍摄右边台灯及背景

图3-86　拍摄背光细节

图3-87　拍摄整体

图片中还可能出现如图3-88、图3-89所示的情况。

图3-88中出现了黑板和手，使用黑板的目的是挡住后边照射到台面的光，用手遮挡是为了对台面进行聚焦从而拍摄出清晰的台面，这时只需要把台面抠选出来即可。

图3-89的目的是突出床头柜正面的纹路和金色的花。

图3-90是因为整体拍摄的时候，根据整张图的布局进行了打光的调整，床和右边的床头柜颜色过深，看不出细节，所以这里为其右边单独打了亮光。抠选的部分就是床头柜和床深色的部分，然后再和其他图片进行组合即可。

2. 修图

修图常用的工具有修补工具和仿制工具。

修补工具：快捷键"J"，使用修补工具时，要确保图片上没有选区。再选出要修补的区域，然后将区域拖动到要覆盖的地方，软件就会自动识别进行修补。有两种覆盖的方式：从源到目标，即框选的区域被拖动后的位置的选区所覆盖；从目标到源，即框选的区域覆盖拖动后的位置。修补工具还有两种模式，一种是正常模式，另一种是内容识别模式，操作方法相同，只是对图像的处理效果不一样。

仿制工具：快捷键"S"，在仿制工具的属性栏中，可设置画笔的大小、硬度和透明度，在图层中按住Alt选取好的地方，单击脏污的地方进行覆盖。

其实画笔也可以用来修复脏污，但要在特定的位置才能使用画笔工具。在光照强度相同、颜色一致的地方，可以框选出来，先吸取要保留的颜色，再用画笔在选区内涂抹，相当于给选区内进行颜色的填充。

在修复的过程中，有点脏污出现在产品有纹路的地方、地板上的倒影边缘、背景墙上产品的渐变阴影中，需要格外小心地修复。对产品纹路上的脏污，用仿制工具，按照纹路的纹向对齐后覆盖脏污。地板上和背景墙上都有渐变的效果，一个是光照强度的渐变，一个是阴影的渐变，依照同样强度和阴影的地方进行修复，否则修复的地方和附近的强度不一样，图片就不能用，业内称之为"修花"。还有的需要移动、抹除。由于房间的格局是由一面一面可移动的背景墙组合而成的，墙体都坐落在移动底座上，墙与地板之间有空隙，因此要勾选出墙的一部分，使其能覆盖住空隙，多出的部分用仿制或修补工具修掉。

对于产品来说，还需要对一些缝隙的大小进行调整，比如抽屉与抽屉之间的缝隙宽度需调整到不超过3个像素。尤其是白色光滑材质的家具上的反光和阴影，需要凭借对光照射到产品上的感知进行调整，使得产品看起来更有质感、更令人感到舒服。但是在图中能少修就尽量少修，毕竟修的东西是假的，拍摄的是真的。

由图3-91和图3-92对比可见，修补调色后的图片颜色饱和度更好，层次更高，质感更强烈，看起来更舒服。

图3-88 拍摄清晰台面

图3-89 拍摄绸面细节

图3-90 增强背光亮度

图 3-91　修补调色前　　　　　　　　　　图 3-92　修补调色后

3. 调色

调色时，需要肉眼对颜色具有非常敏感的认知才能调出客户要求的颜色。在拍摄完产品后，客户会把拍摄产品中出现过的色板给调色师，以便在电脑上调出与实物相同的颜色。在 Ps 中调色主要用色阶"Ctrl+L"、曲线调整"Ctrl+M"、色彩平衡"Ctrl+B"、色相/饱和度"Ctrl+U"，且需要在实际操作中不断沉淀。调色师依靠对颜色的把控，通过对色阶、色相、饱和度、色彩平衡的不断调试，使得图片颜色和层次更加丰富，让产品看起来更加舒服、更有质感。调色前整张图灰蒙蒙的，太暗，没有跳跃感，不够生动。调色过后，图片一下子活了一样，给人眼前一亮的感觉。

三、精装

精装书是区别于常见平装书籍的一种种类的图书。精装书籍主要是在书的封面和书芯的脊背、书角上进行各种造型加工后制成的。加工的方法和形式多种多样，如书芯加工就有圆背（起脊或不起脊）、方背、方角和圆角等；封面加工又分整面、接面、方圆角、烫箔、压烫花纹图案等。精装书的种类主要可分为三种：包括硬壳精装、软壳精装以及活页精装。对于照片书的制作而言，以硬壳精装中的蝴蝶精装为主。

蝴蝶装就是将印有图文的的纸面朝里对折，再以中缝为准，把所有页码对齐，用糨糊粘贴在另一包背纸上，然后裁齐成书。蝴蝶装的书籍翻阅起来就像蝴蝶飞舞的翅膀，故称"蝴蝶装"。

"蝴蝶装"简称"蝶装"，是早期的册页装，它经折装之后，由经折装演化而来，约出现在五代后期，盛行于宋朝。

蝴蝶装所有的书页都是单页，打开来看，总是无字的背向人，有字的正面朝里；每页书口与书口相粘连，展开式时，似蝴蝶的展翅。书口与书衣不用线订，仅用糊粘。

蝴蝶装也分为简装和精装，蝴蝶简装通常简称蝴蝶装，一般少于或等于10P（1P等于两页）内页通常加卡纸，多余等于20P的内页不加卡纸。内容排版设计时运用空间大，适用于对装订有一定要求的客户。

蝴蝶装主要由书芯、堵头、书壳、书脊、书脊灰板等构成。（书脊尺寸＝书芯厚度＋上下灰板厚度）

1. 书芯

精装书内容主要组成部分，书芯第一页为环衬纸粘贴于封面纸板，书芯最后一页环衬纸粘贴于封底，环衬的粘贴是为了将书芯固定在书壳中。

书芯制作的前一部分和平装书装订工艺相同，包括：裁切、折页、配页、锁线与切书等。在完成上述工作之后，就要进行精装书书芯特有的加工过程。书芯为圆脊有脊形式，可在平装书芯的基础上，经过压平、刷胶、干燥、裁切、扒圆、起脊、刷胶、粘纱布、再刷胶、粘堵头布、粘书脊纸、干燥等完成精装书芯的加工。书芯为方背无背形式，就不需要起脊。

① 压平。压平是在专用的压书机上进行，使书芯结实、平服、提高书籍的装订质量。

② 刷胶。用手工或机械刷胶，使书芯达到基本定型，在下道加工工序时，书帖不发生相互移动。

③ 裁切。对刷胶基本干燥的书芯，进行裁切，成为光本书芯。

④ 扒圆。由人工或机械，把书脊背脊部分，处理成圆弧形的工艺过程，叫做扒圆。扒圆以后，整本书的书贴能互相错开，便于翻阅，提高了书芯的牢固程度。

⑤ 起脊。由人工或机械，把书芯用夹板夹紧加实，在书芯正反两面，接近书脊与环衬连线的边缘处，压出一条凹痕，使书脊略向外鼓起的工序，叫做起脊，这样可防止扒圆后的书芯回圆变形。

⑥ 书脊加工。书脊加工的内容主要有刷胶、粘书签带、贴纱布、贴堵头布、贴书脊纸。贴纱布能够增加书芯的联结强度和书芯与书壳的联结强度。堵头布，贴在书芯背脊的天头和地脚两端，使书帖之间紧紧相连，不仅增加了书籍装订的牢固性，又使书变得美观。书脊纸必须贴在书芯背脊中间，不能起皱、起泡。

2. 书壳灰板

灰板和封面进行粘贴裱合。添加灰板的精装为硬壳精装，起提升质感，美观利于储存收藏的作用。

书壳是精装书的封面。书壳的材料应有一定的强度和耐磨性，并具有装饰的作用。用一整块面料，将封面、封底和背脊连在一起制成的书壳，叫做整料书壳。封面、封底用同一面料，而背脊用另一块面料制成的书壳，叫做配料书壳。做书壳时，先按规定尺寸裁切封面材料并刷胶，然后再将前封、后封的纸板压实、定位（称为摆壳），包好边缘和四角，进行压平即完成书壳的制作。由于手工操作效率低，现改用机械制书壳。制作好的书壳，在前后封及书背上压印图案和书名，为适应书背形状，书壳装饰完以后还需要进行扒圆处理。

3. 书脊灰板

书脊灰板起支撑作用，影响整本书的美观度，也是整本书成型的关键所在。

4. 书槽

影响整本书的开合，和易翻阅程度。书槽开槽时要用力均匀，若用力不均匀会造成歪斜或开槽深浅不一，影响成品美观于质量。

5. 堵头

粘贴在书芯书脊上下两端的布条，起装饰作用。

6. 书壳面料

用来包在灰板上的软质材料，除纸张外，还可以用纺织品、皮革、塑料等。

7. 包边

面料包住灰板的部分。

四、精装书质量检测

1. 书芯质量检测

书芯加工国家质量标准如下：

① 书芯加工形式：方背、圆背。圆背分有脊、无脊，方角、圆角，有无堵头布，软衬、硬衬，有无筒子纸。

② 半成品书芯加工前必须压平，排除书芯内部空气。压平后的书芯平实，厚度基本一致。

③ 书芯裁切尺寸及误差应符合GB/T 788的规定，非标准尺寸按合同要求；纸板尺寸误差±1.0mm；护封尺寸误差≤1.5mm；书芯、纸板歪斜度以对角线测量为准。

④ 堵头布粘贴前，应用黏合剂将其过浆，干燥挺括后使用。具体要求如下：a.方背堵头布的长以书背宽为准，误差±1.5mm；圆背堵头布的长以书背弧长为准，误差范围1.5～2.0mm。b.堵头布粘贴平服牢固、不歪斜，外露线棱整齐。

⑤ 丝带书签应粘贴在书背上方中间位置，粘正、粘平、粘牢。丝带长应比书芯对角线长10.0～20.0mm；丝带宽：32开本及以下为2.0～3.0mm，16开本及以上为3.0～7.0mm。

⑥ 书背纸粘贴位置应准确，粘平、粘牢。书背纸的长应短于书芯长4.0～6.0mm，宽应与书背宽（方背）或弧长（圆背）相同。

2. 书芯检测常见质量问题及原因分析

（1）书芯前口不齐、书贴呈梯形状

具体如图3-93所示。其原因如下。

① 书芯印刷用纸质地差、质量不稳、受异地温湿度变化等因素制约。

② 一本书使用的纸张不是同一类型，可能夹杂几种纸张。

③ 书在扒圆起脊过程时操作不规范，或者是压平时压力过大，操作过猛，造成书背扒圆不均等。

④ 书芯扒圆起脊时间较短，定型时间不够，导致书脊开裂（图3-94）。

⑤ 书背胶液涂布不够，涂布不均，以至于形成错位，造成前口不齐。

⑥ 精装书装订成型后，杂乱摆放，受到挤压，温度变化较大。

（2）书芯不平整、出现波浪状

其原因如下。

① 扒圆起脊涂布的胶渗入书芯中，产生潮气，以及受上壳、糊环衬纸胶液湿度的影响，是造成书芯不平的主要因素之一。

图3-93　梯状

图3-94　书脊裂开

② 上壳、糊环衬后，未在书壳与书芯之间放置隔潮纸，也是造成书芯不平整的主要因素之一。

③ 印刷纸张质地差，以及未对书贴进行压平。

（3）堵头布歪斜、翘起

具体如图3-95所示，其原因如下。

① 堵头布材质差，不能满足操作技能要求。

② 堵头布长度未达到书脊弧长的尺寸要求。

③ 堵头布黏结剂黏度不够，或者涂布不均匀，黏合不正、不平、不牢。

④ 整个环节操作不规范，疏忽大意。

3. 书壳质量检测

书壳加工国家质量标准如下。

① 书壳加工形式包括：整面、接面、圆角、方角、包角、不包角、活套、死套、烫箔、烫压凸凹印。

② 书壳应使用挺、平、光滑的灰白纸板。

③ 纸板含水量不应高于12%，贮存温度应为5℃～30℃，相对湿度应为50%左右，严禁露天放置。

（1）书壳包边、包角翘起、不平

翘起如图3-96所示，包角不平如图3-97所示。主要原因如下。

① 面料裁切不规范。面料竖向高应为书壳上下再加上包边20mm，横向宽应是纸板宽度加上书背弧度再加槽宽。

② 包边，包角使用的黏合剂黏度不够。

③ 包边、包角黏合剂涂布不均，压力不够等。

（2）书壳歪斜、飘口不一致

具体如图3-98所示，其原因如下。

图3-95 歪斜

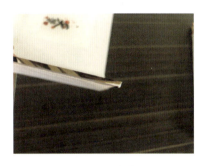

图3-96 翘起

图3-97 包角不平

图3-98 飘口不一致

① 书壳切板下料裁切未严格按照工艺操作。
② 书壳裁切纸板四角未达到90°。
③ 糊制书壳的操作不规范。
④ 环衬纸张裁切不规范。
⑤ 上书壳时未能准确涂布黏合剂，或者有涂布错位的情况。
⑥ 在书壳套合后，没有检查三面飘口是否一致。

（3）书壳不平整

其原因如下。

① 制作书壳纸板质地较差，不能满足工艺要求，在制作书壳前缺少压平处理。
② 书壳与书芯套合完成后，未进行交错码放，由于书脊的凸起，造成书壳翘起。

（4）书壳过紧、过松

其原因如下。

① 书芯锁线松紧不适度。锁线过松的书芯，在扒圆起脊、糊书背布或纸后，难以使书芯达到牢固定型并保证其松紧适度的效果。
② 书背布质地差，不能起到固定书背松紧度的作用；黏结时黏合剂黏度不适、涂布不均等，均未起到为书脊定型作用。
③ 书背纸未选择拉力器、韧性好的纸张，以及黏合剂黏度不适。
④ 书背布、纸粘贴位置不准确、不平、不牢等。
⑤ 书脊过高、上壳过紧时，书壳不易翻开；书脊过低、上壳过松时，书壳翻开时容易下垂。

4. 其他质量检测

（1）覆膜问题

起泡（图3-99）、起皱（图3-100）、卷曲。其原因如下。

图3-99　起泡

图3-100　起皱

① 受印刷用纸性质不同的影响。
② 印刷喷粉量过大。
③ 黏结料不合适。
④ 受工作环境温湿度影响大，未控制室内温湿度。
⑤ 覆膜时，未严格按印品、涂料等特性调试温度。
⑥ 企业未定制覆膜工艺标准，缺乏科学管理，操作者没有制定方法可循。

（2）外包封尺寸与书壳大小

常见的问题如下。

① 护封裁切未按照书本尺寸进行。

② 护封前勒口位置不准。

③ 护封勒口折时未对齐，出现倾斜。

（3）精装书整体效果

精装书有时会出现如下问题。

① 书芯锁线不规范。

② 书贴出现漏锁、断线、线圈等，均会造成书芯松懈（图3-101）。

③ 书背胶、书背布、书背纸粘结不牢，以及上壳未涂在沟槽黏结不牢。

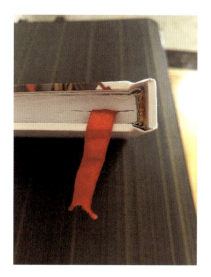

图3-101　松懈

问题思考

1. 常见的精装书有哪些类型？
2. 什么是蝴蝶精装、普通精装、锁线精装？其区别在哪里？
3. 采用绘图法阐述精装书封面及纸板尺寸的计算过程。

能力训练

假设要为客户制作一本内页尺寸为200mm×200mm的精装书，内页纸张为105g/m² 铜版纸、封面纸选用157g/m²铜版纸，内页纸板为白纸板，封面纸板为工业纸板，计算其封面制作尺寸、内页制作尺寸，并以小组完成一本蝴蝶精装照片书的设计制作。最后，按照精装书质量检测国家标准规定进行检测，记录检测数据并分析。

任务三 彩色书刊数字印刷

任务实施　书刊内页输出

1.任务解读

熟悉彩色书刊数字印刷的工艺流程，综合运用所学的黑白单色、彩色印品输出技能完成彩色书刊的印刷，提高学生使用数码印刷设备输出产品样张，并对样张进行质量分析的能力。培养学生的协作能力与沟通能力，让学生从中获得乐趣和成就感，培养学习自信与职业素养。

2.设备、材料及工具准备

柯尼卡美能达C6501数码印刷机，A3（440mm×297mm）120g铜版纸若干，真实书刊印刷工单若干。图3-102所示为待输出书刊的封面，图3-103为待输出书刊的内页。成品尺寸：420mm×285mm。

图3-102　书刊封面

图3-103　书刊内页（书帖）

3. 课堂组织

预先设计好的书刊封面印刷。学生分成若干组，每组3人，每组自选出小组长1名。各组分别承担印前电子文档检查（页码、文本、是否转曲等）、数码印刷施工单开制、数码印刷机调试、承印材料准备（注意纸张幅面、类型、裁切要求）等任务。教师作为数码快印部主管，协同学生对印刷产品质量进行评价。由小组长带领各组完成印刷任务。

根据施工单中的印刷业务量，平均分配给各组，组长协同安排组员进行封面和内页输出任务。

从书刊设计到印刷输出的全过程都由学生完成，教师作指导。由于该宣传册印量为480册，属于标准的短版印刷品，客户签样一般在正式印刷之前确定，因此，在此过程中要及时与客户进行沟通。

通过真实的印刷输出可以培养学生的职业素养、职业道德，同时培养学生的团队协作以及沟通能力。

上课之前，教师为每组组长说明实践中需要完成的任务以及需要做的准备，包括项目工作过程考核指标、评分方法、项目实施方案、现场笔记。每人领取1份实践现场笔记。输出结束时，教师根据学生调节过程及效果进行点评，现场按评分标准在报告单上评分。

4. 操作步骤

彩色书刊印刷步骤简单阐述如下：

阅读数码印刷施工单→明确印刷任务→根据印品特点进行印前设计→准备纸张→开机，安装软件→启动控制台→客户端建立作业→处理作业→输出质量检测→印后处理（覆膜）。

书刊封面的输出工艺参考任务3.1DM单双面输出案例。书刊内页输出操作过程如下。

（1）开机

打开数码印刷机电源，预热20min左右。图3-104所示为柯尼卡美能达C6501数码印刷机。

图3-104　柯尼卡美能达C6501数码印刷机

（2）安装软件

由于与印刷机相连的前端输入系统为方正印捷4.0，在输出之前需安装印捷控制台和客户端口。

（3）启动印捷控制台

将控制台系统界面中产品输出需要的处理器启动，比如规范化器、折手处理器、可变数据处理器、C6501数码印刷机等。

（4）新建作业

双击打开印捷客户端，新建作业，并对其进行命名，以便于后期输出前的调整和修改（图3-105）。

（5）规范化处理

分析待输出电子稿的格式（需转化为印捷系统可接受和识别的文件格式，如 JPG、PDF、TIFF、EPS 等），并将电子文件拷贝至热文件夹中待输出。一般第一个需要使用的处理器为规范化器，所以将规范化器拉入新建作业页面中，并根据电子稿设置其参数（需规范页面、尺寸、是否旋转等）（图3-106）。规范化结束后，点击新建按钮，进行下一步操作。

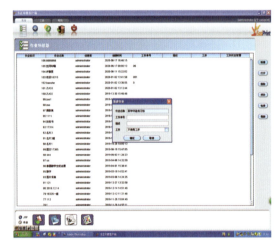

图3-105　客户端新建作业界面

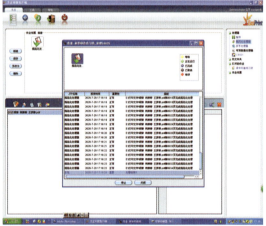

图3-106　处理过程

（6）折手

点击折手处理器，设置折手处理器中的参数，包括折手模板、创建布局、装订方式、奇偶页对称、爬移控制、小页尺寸等信息。案例中书刊内页尺寸为：210mm×285mm，而使用的纸张为A3幅面，所以需对页面进行拼版处理，建立1行2列的模板布局，折页方式采用垂直交叉折，设定小页页码。操作窗口如图3-107～图3-114所示。

图3-107　装订方式选择

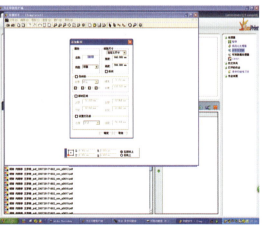

图3-108　添加版面

项目三 彩色印品数字印刷工艺及操作

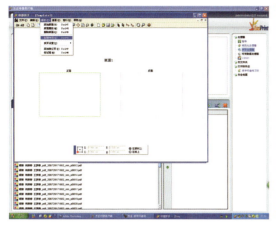

图3-109 创建布局

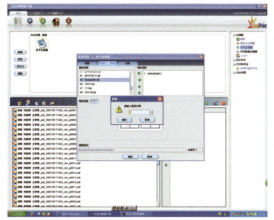

图3-110 页码设置

图3-111 选择模板

图3-112 折手处理

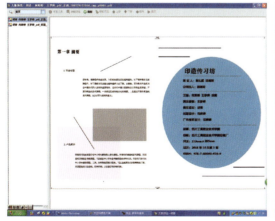

图3-113 大版预览（正面）

图3-114 大版预览（背面）

（7）输出

内页需双面输出，故将C6501数码印刷机输出界面拉入文档界面，设置输出参数，纸张选择73g胶版纸、纸盒选择纸盒1（可根据实际情况更改）、纸张质量选择普通纸、克重选择70g～80g/m²等。

注意：选择纸盒时，需先选择自动选择，设置好纸张克重、质量后，再选择纸盒。另外，输出时在双面输出参数中设置"长边翻转"（图3-115）。

图3-115　数码输出

（8）配贴

对于输出后的各书帖，按照折页方式、页码顺序进行配贴、检查，以确保后续过程顺利进行（图3-116、图3-117）。

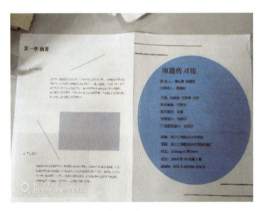

图3-116　样张（第一帖正面）　　　　　图3-117　样张（第一帖背面）

（9）覆膜、胶装、裁切

对于书刊印刷品，为使其保存较长时间，一般客户要求对书刊封面做覆膜处理，将覆膜后的封面与书刊内页胶订一起，后经裁切机对书刊三面裁切，完成书刊印后整饰。

（10）质量检测与评价

对输出的样张进行质量检测，一般采用客观观察和密度计测量方式，对样张的色差、文本位置、清晰度等进行评价，并填写现场笔记和考核表。

任务知识

一、拼版

1. 术语解释

（1）书帖

折手时，大版中页面排列的特定方式即为书帖。

（2）订口

印品折叠后需装订的一侧为订口。

（3）切口

印品折叠后需裁切掉多余空白的一侧为切口。

（4）平订套印

如图 3-118 和图 3-119，平订套印有两种折叠方式：一种是将前两帖各对折两次后，叠加在一起形成一个书帖，然后根据用户需要，将若干种此类书帖平行叠加在一起的一种装订方式；另一种即报业中的"死叉"，它是平订套印的一种特殊折叠方式，即将前两帖叠加在一起，对折两次后所形成的书帖。如果作业选择平订套印的装订方式，模板中与页号相关的信息将不加载至作业中，这是因为系统要求用户在作业中重新指定有关页号信息，即对于套印需要指定前两个书帖中的页号，系统将自动生成其他页号。

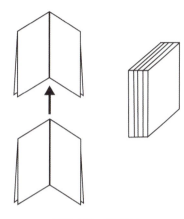

图 3-118 套折图

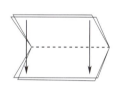 

图 3-119 死叉

（5）双联

如图 3-120 所示，在同一帖上经印刷、折页、装订、裁切之后形成两本相同的成品的方式。

（6）联二

如图 3-121 所示，在同一帖上经印刷，裁切成相邻两帖，经配页、装订裁切成成品的方式。

图 3-120 双联

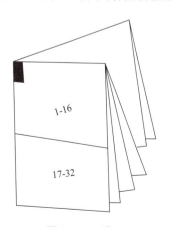

图 3-121 联二

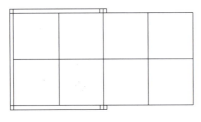

图3-122 拆页

(7) 拆页

如图3-122所示，由于某些用户的照排机是四开的，而一般国内的印刷机是对开的，所以用户希望再进行折手；作业处理时以对开方式进行，在输出时将其自动拆为两个四开版输出。因此方正文合具有拆页功能，实现对开折手、四开出片（在此只考虑一拆二的情况，并且拆页时在两个版面上保证要有完整的标记信息，以便于拼版，其中左边是需要输出的部分）。

(8) 帖标

如图3-123所示，帖标指印在帖脊上的显著黑色方块或粗黑线条；如果顺着帖次向下移动，会组成梯级图案。

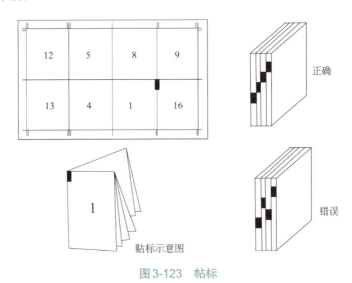

图3-123 帖标

(9) 爬移

页面爬移是指在书刊装订加工中，大幅面印张折叠成书帖后，其最内层页面和最外层页面版面位置不一致的现象，以及骑马订中内帖与外帖版面位置不一致的现象（图3-124）。为了补偿纸张厚度造成的爬移，通过设置内爬移值，可实现外贴向内贴，页面向订口方向进行裁切的功能。此参数对于平订套折和骑订装订方式有效。

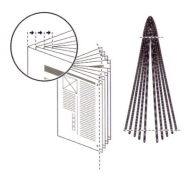

图3-124 爬移

(10) 折页

将印张按照页面顺序折叠成书刊开本尺寸的书帖，或将大幅面印张按照要求折成一定规格幅面的工作过程。

2. 折页方式

(1) 垂直折页

每折完一页将书页翻转90°，再折第二折，使相邻两折的折缝相互垂直（图3-125）。$Y=N \cdot 2^Z$；$B=2Y=N \cdot 2^{Z+1}$（Y指书帖中的页数；B指版面数；Z指折数；N指同时折页的印张数）。

（2）平行折页

相邻两折的折线相互平行。

① 包心折：按照书刊幅面大小顺着页面连续向前折叠，折第二折时，把第一折的页面夹在书帖之间；用于6面/折的零头页［图3-126（a）］。

② 翻身折：按页码顺序折好第一折后，将书页翻身，再向相反方向顺着页面折，一次反复折叠成一帖。用于8面/帖折页［图3-126（b）］。

③ 对对折：按页码顺序对折后，第二折仍然向前对折；用于长条8面/帖的折页［图3-126（c）］。

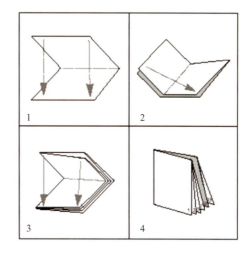

图3-125　垂直折页

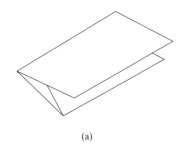　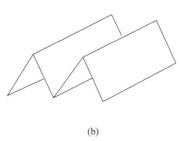　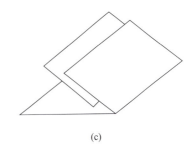

(a)　　　　　　　　　　(b)　　　　　　　　　　(c)

图3-126　平行折页

（3）混合折页（综合折页法）

在同一书帖中，既有垂直折页，又有平行折页；适用于3折6页、3折8页、32开全张双联（图3-127）。

（4）特殊折页（书帖中粘插图表的折叠方法）

可分为正折和反折（图3-128）。

① 正折：一般3页折，把一张页子按页码顺序折三折成帖；

② 反折：一般4页折，1、2折顺着折，反过来再折3、4折，称正、正、反、正折页。

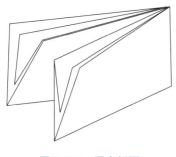　　　　　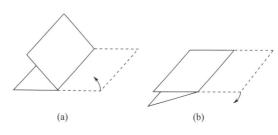

图3-127　混合折页　　　　　　图3-128　特殊折页

3.翻版案例

在书刊印刷工艺中，拼版占有重要地位，它主要由印刷机型、印刷方式、折页方式、印刷成品的装订方式、印后加工方式等因素来决定。拼版方式如果选择得当，能大大提高印刷的生产效率，并提高书刊质量的可靠性和稳定性。对于印张数为整帖的书刊而言，一般采用套版印刷，拼版过程很简单，但是在实际印刷时，由于剩余书刊内文的页数不足一帖，需要采用特殊的印刷方式，如翻版印刷（一般为自翻）。另外，有时为了解决印后折页、装订的问题以及提高印装效率，还需要采用特殊的拼版方案，如联二、双联。

二、爬移控制

页面爬移现象在骑马订和胶订的出版物中均可能出现。采用骑马订工艺时，爬移现象发生在书帖之间及书帖的不同页码之间；采用胶装工艺时，由于各书帖之间是平行关系，爬移现象只发生在一个书帖的页码之间。对页面爬移的问题如不做补偿处理，则在出版物装订裁切后，内页的外边距会比外页的窄，造成成品书的版心和页码不能对齐，从而影响出版物质量。

1.在方正畅流数字化工作流程中进行爬移控制

在畅流数字化工作流程中的折手处理器中可以进行爬移控制。在折手软件中进行爬移设置时，根据印张的大小、纸张厚度、折叠和装订的方式，将爬移量成比例分配到各个页面的位置上。进行这种有效的反向补偿后，就能够使裁切后的书帖中所有的页面距离裁切边缘都具有相同的距离。设置界面如图3-129所示。

当选择平订的装订方式，模板是套折的模板时，爬移参数是在一个书贴内每层纸之间的爬移。骑订的装订方式时，爬移参数是在贴和贴、每层纸之间都有爬移。其中爬移量的计算方法见表3-3。

图3-129 爬移控制界面

表3-3 爬移量的计算

装订方式	计算方法
胶订	单贴的页数除以4，再乘以纸张厚度
骑马订	整本书的页数除以4，再乘以纸张厚度

内爬移值是每层小页的爬移量。"水平"指开口向右时，订口处左、右页之间的爬移量。垂直是指书的开口向下时，订口处上、下页之间的爬移量（图3-130）。

外爬移值是整本书的初始爬移量。这个量是为了避免最内贴由于爬移造成的页面内容重叠而设置的。垂直方向上的爬移是指书的开口方向向下的情况（图3-131）。

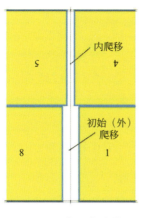
图3-130　水平爬移结果

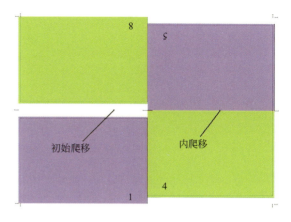
图3-131　垂直爬移结果

2.骑马钉书刊中爬移量的计算案例

采用传统手工拼版时，爬移量靠人工计算、测量，操作起来较难控制。随着数字拼版软件的出现，爬移量能够得到精确控制，可以根据纸张和书刊厚度及装订方式，将爬移量输入电脑，让电子拼版软件来实现拼版。

图3-132为一本采用骑马订装订方式的书刊示意图。假设一本杂志共有n页纸张，页码有$2n$个，F、E两点为书背边垂直和水平上方的两点，纸张总厚度为d；m为杂志中的一页，距杂志中间页码有Y张页，此时该页的爬移量为Y_m，书背边上下的两页为参考页；该参考页上边页$\frac{n}{2}-1$和下边页$\frac{n}{2}+2$的爬移量为x。O点到弧AB上任意一点的距离表示为Y_d，由于OE和OF的互相垂直，因此在$\frac{1}{4}$圆周弧AB上的任一点到书背边的距离为一个常量，相同的道理，弧EF也为$\frac{1}{4}$圆周，在该圆周上的任意一点到书背边的距离也为一常量。所以骑马订书刊书边弯曲的一段圆弧是一个二次函数。

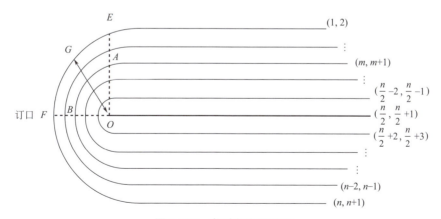
图3-132　书刊爬移原理图

（1）爬移量计算分析

假设该杂志有n张纸，那么第$\frac{n}{2}$和$\frac{n}{2}+1$页是书背边上下的两页，以这两页为参考页，参考页不需要设置爬移量。杂志订口边上方为1到$\frac{n}{2}$页,此时的参考页为第$\frac{n}{2}$页,那么可以得到:

第1页的爬移量为$[\pi(\frac{n}{2}-1)d]\frac{1}{2}$,该页距$\frac{n}{2}$参考页的距离为$(\frac{n}{2}-1)d$;

……

第$\frac{n}{2}-1$页的爬移量为$\frac{\pi d}{2}$,该页距$\frac{n}{2}$参考页的距离为d;

从上面分析可得出,从杂志中心页码向上,页与页之间的爬移量为x,$2x$,$3x$,…,$(\frac{n}{2}-1)x$,第m页的爬移量$Y_m=(\frac{n}{2}-m)x$,同时各页间的爬移量比为$1:2:3\cdots:\frac{n}{2}-2:\frac{n}{2}-1$;

以第$\frac{n}{2}+1$页作为参考页,从杂志书背边向下是$\frac{n}{2}+1$到n页;

第$\frac{n}{2}+2$页的爬移量为$\frac{\pi d}{2}$,该页距$\frac{n}{2}+1$参考页的距离为d;

……

第n页的爬移量为$[\pi(\frac{n}{2}-1)d]\frac{1}{2}$,该页距$\frac{n}{2}+1$参考页的距离为$(\frac{n}{2}-1)d$;

从上面分析同样可得出,从杂志中心页码向下,页与页之间的爬移量为x,$2x$,$3x$,$4x$,…,$(\frac{n}{2}-1)x$,第m页的爬移量为$Y_m=[m-(\frac{n}{2}+1)]x$,同时各页间的爬移量比为$1:2:3\cdots:\frac{n}{2}-2:\frac{n}{2}-1$。

(2)爬移量

$$Y_m = \begin{cases} (\frac{n}{2}-m)x, & m < \frac{n}{2} \\ 0, & m = \frac{n}{2}, \frac{n}{2}+1 \\ [m-(\frac{n}{2}+1)]x, & m > \frac{n}{2}+1 \end{cases}$$

其中,Y_m表示第m页所对应的爬移量;m为杂志中任意一页;n为杂志的总页数;$x=\frac{\pi d}{2}$,d表示纸张厚度。

三、数字印刷质量检测与控制

1. 印前数据的质量检测与控制

(1)页面图文信息的检控

页面图文信息的检测与控制技术主要从以下3个方面来分析:

① 对文字的控制:文字经印前设计处理后必须保存成矢量格式,信息传递中设备间的字库必须匹配。

② 对图形的控制:图形的矢量属性要求重点检控它的文件格式和色彩模式。

③ 对图像的控制：印刷图像分辨率不小于300dpi，质量要求高的图像须大于400dpi。一般彩色图像至少300dpi，黑白线条稿1200dpi。

（2）页面排版的检控

考虑页面图文信息检控的同时，也不能忽略页面排版的检控。

① 页面尺寸检控：页面尺寸必须在满足纸张开本的同时符合成品要求。

② 出血检控：进行页面排版时需要查看图片、色块、线条出血与否，一般出血预留至少3mm，包装预留5mm。

（3）颜色检控

主要指颜色预检，即对客户的电子文件在企业的印刷规范或印刷条件下的色彩效果打样做预检评价，以期达到最佳印刷效果的工艺。

① 在颜色预检时，一定要选择与印刷厂四色印刷接近或一致的色彩特征描述文件来预先检测或将其作为印刷效果模拟的源文件。

② 用屏幕软打样校色。

2. 印刷原材料的质量检测与控制

（1）纸张的检控

一般纸张质量指标包括外观质量、物理性能、光学性能、化学性能以及其他性能。

① 物理性能。纸张的物理性能包括纸张的定量、厚度、表面密度、平滑度、吸收性等。纸张定量大于$100g/m^2$时，如果挺度足够，则不会影响走纸。纸张丝缕方向与纸张定量相适应，一般要求丝缕方向与数字印刷机的运行方向一致，但是如果纸张定量超过了$200g/m^2$，则要求两者互相垂直。平滑度对走纸影响较大，若纸张不够平滑或太平滑，都会给走纸带来困难。

② 光学性能。纸张的光学性能是指纸张的白度（亮度）、色泽、光泽度、透明度和不透明度等。纸张的光泽度越高，印刷密度越理想，印品颜色的光泽度也越高。一般，不透明度是双面数字印刷需考虑的重要因素之一。

③ 强度性能。纸张的强度性能包括抗张强度、耐破度、撕裂度、耐折度等。强度性能对纸张的运行性能影响很大，尤其是高速兼自动给纸数字印刷机。强度性能决定了纸张在印刷中的受作用力结果，强度不够会出现掉粉掉毛现象。纸毛的堆积会污染部件，并使印品的图像部分遭受不同程度的损坏（如白点或白斑等），进而影响印刷质量甚至产生废品。更严重的是，如果携带坚硬颗粒的纸毛掉到数字印刷设备中，会划伤硒鼓，出现印刷故障。

④ 化学性能。纸张的化学性能包含纸张的化学组成、吸湿性、酸碱性、耐久性等。数字印刷用纸对环境非常敏感。纸张的含水量直接影响数字印刷设备的操作和数字印品质量的稳定性。为此，数字印刷中要准备相对湿度为44%～45%的纸张，或者要在配置与数字印刷设备配套的空调条件下走纸。

（2）油墨的检控

目前数字印刷中常见油墨是墨粉和墨水两类，而且每种数字印刷设备都必须使用与其印刷性能相符的专用墨粉或墨水。

① 光学性能。数字印刷的油墨要具有良好的光泽度，数字印刷所用纸张表面越平滑，墨层分布越均匀光滑，印品表面光泽度越高，颜色饱和度越高。但静电成像数字印刷所用墨粉

的光泽度要求不高。

② 耐抗性能。数字印刷要求油墨在耐抗性能方面具有较好的稳定性或保持相对的稳定性。一般耐水性和耐油性不好的数字印品遇水和油就易变色，影响印刷质量。耐溶剂不好的数字印品会给印后工艺（如上光、覆膜、UV等）带来问题，甚至无法顺利完成印后工艺。数字印刷大多用于商务印刷，因此有些数字印品被要求长期放置户外，故要求油墨具备较好的耐光性是必要的。另外，由数字印刷原理可知，一些数字印刷生产过程中需加热固化，因而油墨要能接受高温而不变色。

③ 其他性能。油墨的其他性能是指pH值、渗透性、密度、表面张力等。油墨必须环保、绿色、无毒。数字印刷油墨要求能长期使用且不腐蚀或阻塞印刷器件，如喷墨印刷的喷头。

3. 数字印刷过程的质量检测与控制

（1）基于色彩管理的色彩控制

基于色彩管理的色彩控制对数字印刷的质量检测与控制的影响日益显著。色彩管理的目的是保持图文的颜色值在输入、显示和输出设备之间一致传递，最终达到高效能的颜色再现效果，即实现"所见即所得"的目标。色彩管理的过程：校准、特征化、转换，通常简称"3C"，数字印刷亦如此。

① 校准。数字印刷机的校准也称设备最佳化，是使数字印刷机处于正常与最佳工作状态的手段。注意定期对其进行校准，以保证数字印品质量稳定。

② 特征化。通过特征化可以确定数字印刷机表达与再现的色彩范围，并获得相应的特征文件。数字印刷对纸张要求很高，必须对应一定的印刷质量标准。

③ 转换。转换是指不同设备间进行的色彩转换，即数字印刷与传统印刷设备间进行的色彩转换。数字印刷与传统印刷设备表达与再现色彩的范围有一定差异，为使色彩最大化地匹配，还需对特征文件进行适当的编辑和必要的优化。

（2）数字测控条

由于传统的测控条无法有效控制数字印刷的质量，瑞士印刷科学研究促进会（UGRA）和德国印刷研究协会（FOGRA）基于PostScript语言开发出了数字测控条。此测控条的用来监控印刷复制过程和曝光调整。

（3）在线检测系统

在线检测系统是计算机的视觉功能在印刷业的具体应用，用于检测影响印刷质量的相关要素。

4. 环境的控制

为了更好地保持数字印品质量的稳定性，在环境控制方面要做到以下几点。

（1）温湿度

温度控制在23℃ ±5℃；相对湿度控制在50%～65%。

（2）照明条件

观察反射样品：D50光源，照度为500lx±125lx。

观察透射样品：D50光源，亮度为1270cd/m^2±20cd/m^2。

注意：两者的照度均匀度均大于80%。

（3）注意厂房整洁和清洁卫生

场地"五无"：无垃圾、杂物、污水、乱放成品和半成品。

环境"六无"：无积尘、积水、烟头、纸屑、油污痰迹和杂物。

对工作人员也要严格要求，做到"六不走"：即在设备不擦，产品不堆放完整，工具不清，交接班原始记录没填好，不切断电源或应灭火种，地面不打扫干净这六种情况下，人员不得离开。

问题思考

1. 印刷拼版的类型有哪些？
2. 为什么要进行折手拼版？
3. 数码印刷中常见的拼版软件有哪些？
4. 为什么有的时候要考虑爬移设置？设置的原则是怎样的？

能力训练

借助于Photoshop、CorelDRAW、Illustrator或者InDesign完成成品尺寸为205mm×140mm的页面制作，并将其采用骑马钉的方式进行拼版，最终完成输出。样图参见图3-133。

图3-133　骑订拼版

▶微信扫码◀
骑马订页面拆分排版案例

项目四
包装数字印刷工艺及操作

项目教学目标

综合运用所学知识完成折叠纸盒的印刷及成型,完成包装标签印前制作及数码输出,完成可变数据页面的制作与数码输出。

■ 素质目标

培养学生精益求精的工匠精神以及为国争光的竞技精神;
提升学生对节能环保的认识,养成节约资源,为人民创造良好的生活环境的习惯。

■ 知识目标

了解数字印刷印后装饰工艺;
掌握包装产品中专色的使用规范;
掌握包装产品中陷印的概念及设置方法;
掌握标签数码印刷机操作方法及省墨技巧;
掌握标签印后加工工艺。

■ 技能目标

熟练操作ProducerⅡ 1625盒型打样机完成折叠纸盒的打样;
能够利用CorelDRAW、InDesign等软件完成可变数据页面的制作及输出;
掌握标签印前制作方法;
能够利用检测仪器对标签原材料、半成品、成品进行检测。

任务一　箱盒数字印刷

任务实施　折叠纸盒数字印刷

1. 任务解读

熟悉折叠纸盒数字印刷的工艺流程；综合运用所学知识完成糖果折叠纸盒的印刷及成型，巩固学生操作数码印刷机的技能，熟悉对ProducerⅡ 1625盒型打样机的操作；培养学生的团队协作能力与沟通能力，以及细心、耐心工作的习惯；在学习中找到自己的学习兴趣，获取任务完成后的成就感，培养自信心和职业素养。

2. 设备、材料及工具准备

柯尼卡美能达6501数码印刷机，ProducerⅡ 1625盒型打样机，A3白卡纸若干，彩色数字印刷施工单。图4-1所示为一组精美包装结构纸盒。

图4-1　糖果包装结构纸盒

3. 课堂组织

糖果折叠纸盒产品数码印刷制作。学生分成若干组，每组3人，每组自选出小组长1名。各组分别承担与客户沟通（咨询、询价、盒型结构等）、数码印刷施工单开制、盒型结构设计、专色选用、模切版设计等任务。教师作为数码快印部主管，协同学生对印刷产品质量进行评价。由小组长带领各组完成印刷任务。

根据施工单中的印刷业务量，平均分配给各组，组长协同安排组员进行糖果折叠纸盒输出任务。从盒型结构设计到印刷输出的全过程都由学生完成，教师作指导。

由于此次糖果包装折叠纸盒属于私人个性化定制印品，输出数量较少，客户签样一般在正式印刷之前确定，因此，在此过程中要及时与客户进行沟通。

通过真实的印刷输出可以培养学生的职业素养、职业道德，同时培养学生的团队协作以及沟通能力。

4. ProducerⅡ 1625盒型打样机操作步骤

（1）开机

打开总电源，向上拔起空压机开关，旋转盒型打样机控制箱按钮至ON，打开电脑，按下盒型打样机上绿色按键（图4-2）。

双击Producer包装打样系统图标，打开打样平台界面（图4-3），点击加工按钮，打开加工中心界面（图4-4），点击"复位"按钮，查看机头是否能正常复位。

项目四　包装数字印刷工艺及操作

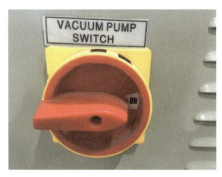 

图4-2　控制箱开关及盒型打样机开关

图4-3　Producer包装打样系统界面　　　　　图4-4　加工中心界面

（2）测试机器I/O口是否正常

点击加工中心界面的"..."→"I/O"（图4-5），对机器的各输入、输出口（图4-6），进行测试，查看是否运行正常。

图4-5　I/O菜单　　　　　　　　　　　　　图4-6　I/O控制界面

131

同时也可点击"…"按钮下的"1X轴复位""2Y轴复位""3Z轴复位",测试单轴的电机是否运行正常,也可单击"X轴位移""Y轴位移""Z轴位移",输入位移量(X轴和Y轴)或旋转角度(Z轴),进行单轴位移的测量。

(3)测试压痕辊/轮压痕和裁切刀裁切深度

取一张薄纸,将薄纸平放于打样平台上,对正笔架、裁切刀和压痕辊/轮正下方,分别点击"I/O"测试中的SP1和SP3查看笔架(放置卡纸裁切刀)和裁切刀的穿孔大小,穿孔1mm长即可,也可不用纸样直接观察裁切刀插入真空皮的深度,一般裁切刀的安装深度以刀尖刺入真空皮内0.5mm为宜,以保证机器台面真空材料的使用寿命。点击SP2,可以抽动薄纸查看压痕辊/轮是否压住纸张。再次点击SP2,压痕辊/轮抬起,目测纸张的压痕深度。最好选择打样材料来测试压痕辊/轮压力大小,对于一般卡纸,压痕辊/轮压痕深度为卡纸厚度的3/5,(瓦楞)纸板厚度越大,压痕辊/轮压痕深度所占打样材料厚度比例越小。

如果笔架高度偏高或偏低,可以直接松开笔架螺丝对笔杆进行上下调整;如果裁切刀和压痕辊/轮的裁切或压痕的力度不当,可以旋转机头上方分别对应裁切刀和压痕辊/轮的旋钮。如图4-7所示,裁切刀裁切过深,顺时旋转裁切刀旋钮(调试时正对机头),上调裁切刀,反之亦然;如果压痕辊/轮压力过大,顺时旋转压痕辊/轮旋钮(调试时正对机头),上调压痕辊/轮,反之亦然。

图4-7 调节旋钮

(4)设定配置参数

一般情况下,用户不需要修改配置参数。

① 系统。点击"配置"→"系统"菜单(图4-8),单击"S…"按钮设定停机位置(图4-9),单击"D…"设定调刀位置(图4-10),并对其他参数进行设定。

图4-8 "系统"界面

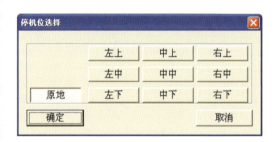

图4-9 停机位选择

图4-10 调刀位选择图

② 输入。点击"配置"→"输入"菜单（图4-11），对系统的输入方式、SP对应指令、导入格式等进行设定。

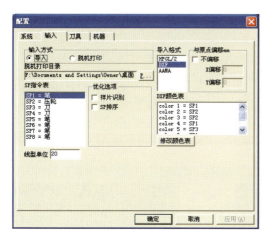

图4-11 "输入"界面

③ 刀具以一纸盒提手为例，打开"配置"→"刀具"面板（图4-12），分别设置笔、压痕辊/轮和裁切刀后进行加工，根据加工速度查看三者速度是否需要调节，根据加工图样查看三者的起点和终点是否需要补偿调节。

图4-12 "刀具"界面图

调速面板中"笔"、"压轮"和"刀"的速度等级一般不同，压轮速度等级一般高一些，"笔（用于裁切卡纸时）"和"刀"的速度等级一般低一些，以便不至于带纸或断刀，保证打样质量，提高打样机使用寿命。

图4-13 "机器"界面

④ 机器。点击"配置"→"机器"菜单（图4-13），对盒型加工时的状态进行设置。

⑤ 系统配置的保存与恢复。完成上述参数的设定，机器已被调整到一个最佳的状态，那么，就可以利用系统的保存功能将参数保存起来，以备以后发生意外情况时可以利用参数恢复功能将数据还原到系统中，方便用户使用。

保存系统配置：点击系统主菜单"控制"→"配置"→"系统"→"保存配置"选项（或加工中心界面的"配置…"），进入"另存为"对话框（图4-14）。

在"文件名（N）"后输入一个能包含某些机器信息的文件名，包含机器名称或设置日期，以便在恢复时能快速选中已保存文件。

恢复系统参数：点击与"保存系统配置"同界面的右侧按钮"恢复配置"，进入如图4-15所示的对话框。在对话框中选择系统参数文件，单击打开按钮，系统参数文件自动装入。

图4-14 保存系统配置对话框

图4-15 系统配置恢复对话框

（5）文件导入

打开"文件"→"导入"菜单（图4-16），导入"内折叠纸板"DXF文件，图形比例为1∶1，不进行偏移（X、Y偏移值为0），点击确定（图4-17）。

图4-16 "文件"菜单

图4-17 "导入"界面

打样文件进入系统平台，如图4-18所示，框选整个图形，点击"编辑"删除文件中的重合线条（图4-19），避免加工过程中对同一线条进行重复加工。

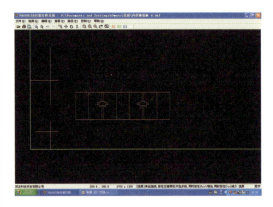

图4-18 框选整个图形

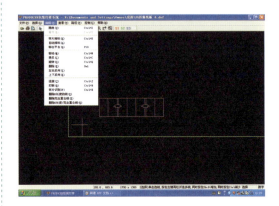

图4-19 "编辑"菜单

（6）设置线型

点击"选择"→"选择SP"→"选择SP4"（图4-20），然后点击工具栏"SP2"或"选择"→"改SP2"选项，将部分白色线条（用于瓦楞纸板的裁切刀）转化为绿色线条（用于瓦楞纸压痕的压痕辊/轮），效果如图4-21所示。也可点击选择工具，单选线条进行转化。

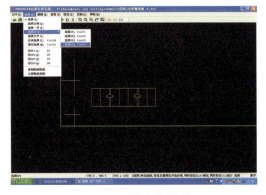

图4-20 "选择"菜单

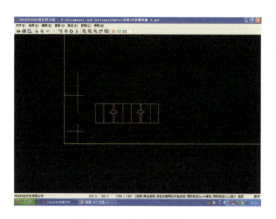

图4-21 线型转换效果

(7) 设置加工顺序

为减少机头移动距离，减少资源消耗，提高加工效率以及加工质量，首先可以点击"查看"→"显示方向"，查看纸盒所有线条的加工方向（图4-22）。为使相邻线条连续加工，可选择需改变加工方向的线条，点击"查看"→"反向"改变线条加工方向。

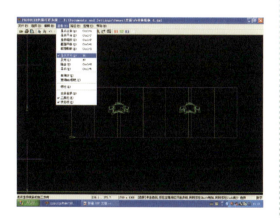

图4-22 加工方向显示效果

点击"路径"→"排序"，点击线条进行排序，线条点击的顺序就是加工的顺序。设置完成后，可以选择"路径"→"路径模拟"查看模拟的加工路径，如有错排可以进行改正，以保证高质量的打样效果。

(8) 文件排版

对于一次切割过程，往往需要在一个平面上一次性切割多个样片，而我们导入的文件通常为一个，这就需要在软件中对图形进行排版。当然，如果在其他绘图软件中已经对图形进行排版，直接导入已排版文件进行多个盒型打样即可，免去了排版工序。本例未使用排版。

(9) 复位

点击"选择"→"选择全部"将所有在界面中显示的线条选中（也可框选），点击"加工"，弹出加工界面，点击"复位"键，加工机头复位到原点，复位指示灯变亮。

(10) 放置加工材料

将加工纸板平放入打样区域范围内（注意纸板的纹向），根据光标位置移动纸板到恰当位置。

(11) 开始加工

点击"加工开始"按钮，空压机、真空泵、压痕辊/轮等都开始工作，加工界面开始记录加工开始时间并显示加工进度。

在加工过程中，如果出现加工问题，如裁切刀断裂、裁切带纸等，可以单击"加工暂停"以排除故障，之后再单击"加工继续"。

(12) 加工完毕

加工完毕，机头恢复到设定的停机位，盒坯成形（图4-23）。

图4-23 盒坯成形

(13) 手工折叠成型

按纸盒在自动糊盒机上的糊合方式，首先将预折线预折130°，用高品质双面胶带在制造商接头布胶，将纸盒沿作业线折叠180°进行准确粘接，最终立体成型。

(14) 文件保存

文件打样无质量问题后，可以将文件保存，方便后期加工相同产品之需。

任务知识　数字印后装饰工艺

微信扫码
印后工序节能减排策略

1. 数字烫印

烫印是一种常见的印后表面整饰工艺，可以给印刷品带来金、银或其他颜色的光泽，深受人们的喜爱。然而，面对越来越多的中短版烫印需求，传统烫印还存在着一定的局限性，其需要制作烫印版，不仅生产周期较长，而且效率低、成本高，不适合短单生产。而数字烫印无须烫印版和准备时间，不仅订单转换速度快、灵活度高、成本低，而且节能高效，可以轻松实现一张起烫的烫印作业，适用于多种个性化和中短版烫印业务。

数字烫印的方式主要分为热敏打印和覆膜两种。热敏打印的主要特点是手动套印，精度低，需要专用电化铝材料，作业转换慢，烫印质量一般，不能实现压凹凸效果，产能低，适合打样，适应纸张、皮、革、布料等材料。采用覆膜方式烫印的图文信息既可以通过数字印刷机打印实现，也可以通过喷印特殊材料，如UV油墨、UV胶水等来实现。目前，市场上采用的主流数字烫印技术是通过喷印UV油墨的方式实现图案烫印，套印精准，作业转换快，烫印质量相对不错，可实现立体烫印，需要专用电化铝材料，可满足小批量业务，但承印物适应性较窄。通过喷印UV胶水的方式实现烫印图案，对承印物的适应性较好，并且电化铝也会有更多选择，成本较低，烫印质量也会大幅提升。喷印UV胶水会成为数字烫印的主要方式。

目前，部分公司推出的数码烫金单元，不仅可以实现高光泽度、浮凸且密度可变的烫印特效，还可以实现全程内部作业，不需花大量时间和高额费的烫印准备工作。另外，某公司推出的B1幅面的数码UV特效印刷机（图4-24）加装了该公司数码烫金单元来增强用户产品附加值，速度达4000张/时，深受印刷企业青睐。还有公司推出B2幅面的数字烫金设备，可以将连续的可变数据信息应用到联机金属喷涂领域，生产速度可达2400张/时，支持各种碳粉数字印刷机和Indigo数字印刷机，特别适合小批量或者订制项目。

图4-24　数码UV特效印刷机

还有公司推出了一种新式金属喷镀技术——Nanometallography™（纳米金相）技术，采用类似喷墨印刷的方式进行零浪费烫印，与箔烫印相比，成本降低了至少50%，可结合各式各样的传统印刷技术使用，包括柔印、胶印、网印、凹印等。

另外，部分公司推出连线数字喷墨UV上光烫金机，利用UV喷墨技术及连线数字烫印单元来完成高质量数字表面整饰。其中，连线iFoil烫金单元省去了烫印版、压凹凸模具等传统烫金设备相关工具的制作，实现了数字化的可变烫印、压凹凸，操作简单，一次性走纸可完成局部UV、3D浮雕及烫印效果，同时配备的简洁高效的操作控制系统，可进行弹性生产，实现一张起烫的烫印作业。某科技公司针对该设备推出了最新研发的数字烫金箔，此款烫金箔可应用于大面积烫印，在工作温度高达180℃时，仍可以保持烫印图案的光泽性或完整性。

2. 局部UV

UV是Ultro Violet（紫外线）的缩写，在印刷业中它专指一系列可以在紫外光照射下固化的特种油墨。这些油墨往往有特殊的光泽和肌理，有镜面油墨、磨砂油墨、发泡油墨、皱纹油墨、锤纹油墨、彩砂油墨、雪花油墨、冰花油墨、珠光油墨、水晶油墨、激光油墨，等等，印刷品上点缀这些油墨可突出关键的文字和图案，可活跃版面，丰富表面质感，被称为局部UV。

早在2017年北京展会上就有公司推出首台国产UV冷烫印一体机（图4-25）。通过按需喷墨技术，可实现数字局部UV，且可模拟类似动物毛发、植物脉络等精细纹理，效果更细腻、柔和、梦幻。单次处理即可实现10～100μm的渐变式立体效果，获得3D触感，可满足个性化定制需求。该设备还可实现"双面烫"、"叠烫"、"多色串烫"以及"烫金+UV"等创新工艺。

图4-25　数字局部UV冷烫印一体机

3. 激凸、浮雕和3D

通过"数字UV光油"的墨水层堆叠可实现"激凸"或"浮雕"效果。理论上堆叠的精度是"一滴光油"，当然，需要堆叠的高度越高，打印速度越慢。而且在同一印面上可以同时堆出不同的高度，一般一次喷印能够最薄达到0.003～0.005mm，最高达到0.1～0.2mm的3D效果。通常完全可以达到印刷级的小字和细线条的精度。另外，数字喷印的墨层可以实现线性变化，不但可以实现墨层高度的阶梯型跃变，还能实现水滴、凸透镜等有弧度的连续形状。

0.04mm的膜层厚度即称为有触感，膜层厚度在0.04～0.07mm即为浮雕，大于0.07mm即为3D效果。

4. 局部上光、磨砂

利用压电式喷墨头，将特殊的"数字UV光油"（特殊配方的透明UV墨水，各供应商独家配方），按需喷射到承印物上实现局部上光。就像喷墨打印一样，不同点在于喷印的是透明的特殊UV墨水。"上光"的范围和形状是可变的。同时，高光和磨砂效果可以一次喷印实现。

5. 烫上烫、烫上高光和磨砂、烫上激凸和浮雕

以上3种数字工艺效果可以组合运用，通过将承印物两次或多次过机，实现传统工艺无法达成的特殊效果，比如烫上烫、烫上高光、磨砂、烫上激凸或浮雕。值得强调的是，以上工艺可以同时存在于一个印面上。

例如，有公司就推出了一个能够为印品提供多种数字增效解决方案的综合技术平台。将高度可变UV特效、局部上光、盲文、浮雕、可变数据，以及数码烫金，所有这些高附加值、高质量的应用都可以在这一个平台上完全实现。此数码UV特效印刷机可以在烫金层上再烫金，在烫金层上加UV聚酯层，或者是利用可变数据UV特效、可变数据数码烫金定制个性化产品。

问题思考

1. 在使用ProducerII 1625盒型打样机时，遇到故障如何处理？
2. 包装装潢设计如何创建专色？
3. 在进行包装装潢设计时，是否考虑过印后加工工艺对产品的增值作用？

能力训练

分组完成某一产品的包装装潢及结构设计，并最终通过数码印刷追专色，通过打样机切割成型。

▶ 微信扫码 ◀
追专色操作企业案例

任务二　标签数字印刷

商品标签的广泛应用推动了其相关印刷技术的发展，标签印刷可以使用平、凸、凹、网等印刷方式。从近几年全球标签的发展趋势可以看出，柔性版印刷、窄幅轮转印刷、数字印刷在欧美国家成为标签印刷的发展趋势。

标签印刷的承印材料是一种不干胶，而不干胶是一种自粘标签材料，是以纸张、薄膜或其他特种材料为面料，背面涂有胶粘剂，以涂硅保护纸为底纸的一种复合材料。

标签印刷的印前设计与一般的印刷品不同，标签印刷品的一般特点是：色彩鲜艳、反差大，贴到商品上有明显的货架效应。普通彩色印刷品则强调层次分明、立体感强、阶调完整、色彩丰富。标签的印前设计一般为专色印刷和专色印刷同四色印刷相结合的方式，版式设计根据标签的特点来进行设计。

印前设计师在接到业务员的新品业务单时会附有客户原文件，文件里有对标签设计的详细要求。仔细阅读文件，不能丢掉任何信息。明确文件图纸信息，完整无缺时，开始制作设计，然后制作墨图，待客户确定无误后，下一步组版、发排、印刷。因此在标签设计的过程中，一定要注意文件的整体布局、整理客户提供的文档资料、检查设计内容中的所有要素是否正确，还要注意模切线的制作要点、标签设计中的条形码的制作、标签设计中线条粗细的控制、标签设计中最小网点的控制，以及标签设计中特殊效果的应用。

任务实施　不干胶标签印刷

1.任务解读

课前查阅相关资料，熟悉标签、不干胶标签、防伪标签、吊牌等的印刷知识单及工艺流程，综合运用所学的知识分组完成标签印刷，提高学生操作标签数码打印设备技能。培养学生的团队协作能力与沟通能力，以及细心、耐心工作的习惯。在学习中找到自己的学习兴趣，获取任务完成后的成就感，培养自信心和职业素养。本项目以某食品有限公司的产品标签为例，进行印前制作和数码印制输出。

2.设备、材料及工具准备

爱普生SurePress L-4033AW数码印刷机、艾利-AW 5200格底铜版（热）（180mm或以上）、金大-0417020素面激光纸/AJ900/60g白格底纸（180mm或以上）、标签印制施工单、金大-0409013光膜。如图4-26所示为该公司六款产品标签。

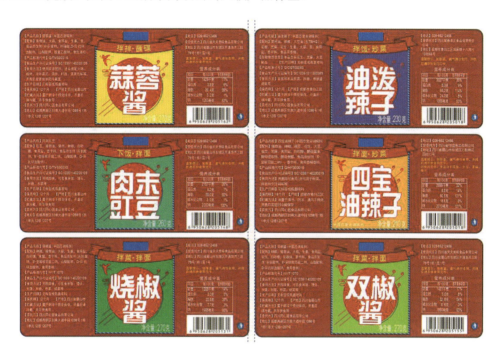

图4-26　某公司六款产品标签

3.课堂组织

某公司六款产品标签数码印刷。学生分成若干组，每组3人，每组自选出小组长1名。各组分别承担与客户沟通（咨询、客户要求文本撰写、询价、印后要求等）、数码印刷施工单开制、标签制作设计、组版、数码输出、标签印刷样张质量检测等任务。教师作为数码快印部主管，协同学生对印刷产品质量进行评价。由小组长带领各组完成印刷任务。

根据施工单中的印刷业务量，平均分配给各组，组长协同安排组员进行标签输出任务。

从接单到印制输出的全过程都由学生完成，教师作指导。由于能效标识标签具有个性化、短版印制特征，输出数量不多，需将墨图给客户签字确定后才可正式输出，因此，在此过程中要及时与客户进行沟通。数码印刷标签产品生产传票（图4-27）。可见，该标签印刷方式

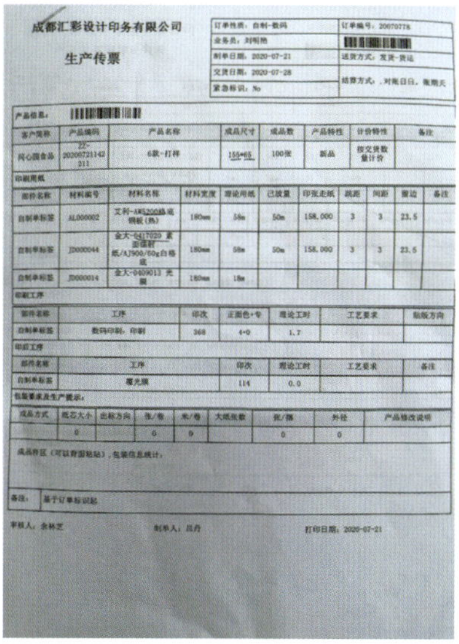

成都汇彩设计印务有限公司

生产传票

订单性质：自制-数码	订单编号：20070778
业务员：刘明艳	
制单日期：2020-07-21	送货方式：发货-货运
交货日期：2020-07-28	结算方式：,对账日日，账期天
紧急标识：No	

产品信息：

客户简称	产品编码	产品名称	成品尺寸	成品数	产品特性	计价特性	备注
同心园食品	ZZ-20200721142211	6款-打样	155*65	100张	新品	按交货数量计价	

印刷用纸

部件名称	材料编号	材料名称	材料宽度	理论用纸	已放量	印张走纸	跳距	间距	留边	备注
自制单标签	AL000002	艾利-AW5200格底铜板(热)	180mm	58m	50m	158.000	3	3	23.5	
自制单标签	JD000044	金大-0417020素面镭射纸/AJ900/60g白格底	180mm	58m	50m	158.000	3	3	23.5	
自制单标签	JD000014	金大-0409013光膜	180mm	18m						

印刷工序

部件名称	工序	印次	正面色+专	理论工时	工艺要求	贴版方向
自制单标签	数码印刷，印刷	368	4+0	1.7		

印后工序

部件名称	工序	印次	理论工时	工艺要求	备注
自制单标签	覆光膜	114	0.0		

包装要求及生产提示：

成品方式	纸芯大小	出标方向	张/卷	米/卷	大纸张数	张/箱	外径	产品修改说明
	0		0	0		0	0	

成品样区（可以背面粘贴），包装信息统计：

备注：基于订单标识起

审核人：余林芝　　制单人：吕丹　　打印日期：2020-07-21

图4-27　生产工单

为数码印刷，成品尺寸为：155mm×65mm，印刷用纸有两种：艾利-AW5200格底铜板（热）、金大-0417020素面激光纸，覆膜材料选择的是金大-0409013光膜。印刷油墨为四色替换专色。

通过真实的印刷输出可以培养学生的职业素养、职业道德，同时培养学生的团队协作以及沟通能力。

上课之前，教师为每组组长说明实践中需要完成的任务以及需要做的准备，包括项目工作过程考核指标、评分方法（考核表）、项目实施方案、现场笔记。每人领取1份实践现场笔记。输出结束时，教师根据学生调节过程及效果进行点评，现场按评分标准在报告单上评分。

4.印前制作

（1）案例活件的基本制作设计要求

根据客户提供的标签要求，可以得到以下标签制作设计数据：单个标签的外形尺寸：155mm×65mm，分边宽度（即出血）：2mm；字体：黑体。颜色：CMYK四色叠印。数码印刷无需分色，CMYK值分别为23、100、100、0。

（2）制作设计标签

生产工单的各项指标是进行标签设计和制作的基本要求，在设计和制作过程中一定要全面考虑各要素。下面介绍设计制作标签过程。这里选择的软件为CorelDRAW。因为现在CTP技术的发展以及软件环境的标准化，很多软件逐渐向Adobe公司的使用标准靠拢。

① 打开CorelDRAW软件，新建页面。新建的页面要适合标签的大小，画矩形，并修改为圆角。按照客户原文件的要求，把大致的轮廓图制作出来（图4-28）。

② 输入文字并着色，文字为黑体。

依据客户原文件要求，输入相应的文字，并确定文字的位置、文字的字体及文字的大小。根据客户提供的颜色标准（发排时专色用四色替换、输出），开始为标签着色，并且要把专色替换为四色输出，无需分色。如图4-29所示。

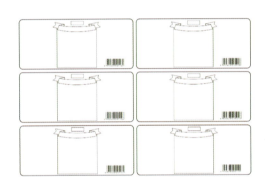

图4-28 标签的基本轮廓

图4-29 标签的颜色设计

③ 重复上述颜色的制作过程，完成对标签的设计制作。

④ 完成墨图后再印刷。按照成品的标签印刷版电子文件做墨图，发送给客户确认，客户

确认无误签字以后，进行组版去印刷。如图4-30所示为客户签样单。

（3）对标签进行组版

客户认可了单一标签图样的制作设计并签字后，就要对标签进行组版。对不干胶标签的组版是不固定的，在不同的印刷机上，不同大小的版辊上会有不同的组版形式。

① 做出血。根据客户要求分边，宽度为2mm，即上下出血为2mm，标签间隙左右间隔为1mm，上下标签间隔为2mm，即左右出血0.5mm，所以做一个（155+1）mm×（65+4）mm的矩形，颜色和标签颜色一致。标签不同于一般的印刷品，它的四边尺寸比较紧张，出血不能做成3mm。

② 群组。对标签进行群组（Ctrl+G），群组的目的是为了在对标签进行变换时，不会出现遗漏或丢失内容的现象。标签与出血框水平居中对齐、垂直居中对齐。

③ 拼版。拼版标签，将六个标签按一定间隔设置进行拼版，组成大幅面的印刷版电子文件（图4-31）。

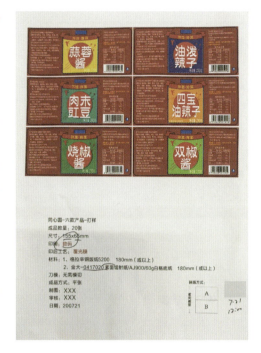

图4-30　签样单

图4-31　标签拼版

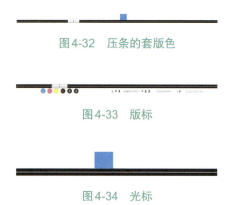

图4-32　压条的套版色

图4-33　版标

图4-34　光标

④ 做压条。给组版好的标签上压条,即套准线和版标的组成部分。即使是以数码印刷方式对标签进行打样输出,也需要制作套准线和版标。因为数码输出标签,可能还需要有印后加工工艺,需要进行套准操作。版标的功能类似于给标签加一个身份证号码,版标的一般由机器名字、版辊大小、缩放率、标签名称、产品编号、标签尺寸、制作日期、颜色组成。压条的套版色如图4-32所示。版标如图4-33所示。

⑤ 做光标。压条做好之后,还要做光标。做光标的目的是为后道模切时寻找裁切点做标记。光标大小一般为5mm×4mm,光标之间的距离为标签出血的长度(图4-34)。

⑥ 整体缩放。把所有的色块、文字、线条等页面元素都选择上,组合在一起成为一个整体,把文件中的所有文字都转化为曲线,避免输出的时候因字体问题造成输出的错误。把整个版面按照印刷机的版辊大小进行缩放。成品的标签印刷电子文件样式如图4-35所示,注意不同大小的版辊缩放率不同。

图4-35　成品的标签印刷电子文件样式

⑦ 存储版本。把制作好的电子文件存储为PDF版本。注意不同公司存储版本不尽相同,等待数码输出。

另外,无论设计制作的能力有多强大,都要依托客户提供的最基本的文件来完成工作,否则都是在做无用功。同时,在设计制作的过程中要仔细认真,不能出现字的错误、颜色的不一致、套准色的设定不统一等的问题,保证印刷前期制作设计的准确性。

（4）标签数码印刷

① 打开数码印刷机电源,并把钥匙扭转至Standby。

② 确定压辊已压好,防卷曲压条已安装好,点击确定按钮,然后开始清洗流程,若无则点击已结束。

③ 打开电脑,连接Z盘。

④ 打开Wasatch,选择配置;打开需要印刷的PDF文件,检查文件尺寸、颜色及内容。在常规打印配置中,纸张宽度要比实际宽度低15mm。把PDF文件拉入Wasatch。在联机电脑

的印刷软件中设置好输入尺寸，打开文件，一般为四色印刷，专色印刷需要根据基材在软件中新建专色。

⑤ 修改机器上的预置与基材宽度。

⑥ 把Wasatch中的文件RIP并打印。

⑦ 将钥匙扭转至Ready，打印出一份后，确定样式后调整份数、打印的板间距。

⑧ 结束打印时，执行清洗，最后关闭电源。

此项目所使用的数码印刷机如图4-36所示。

（5）印后加工

根据不干胶标签的应用方式，印后加工可分为单张纸加工和卷筒纸加工。单张纸加工是用于手工贴标，其基本工艺为单张纸模切，可在自动模切机上加工，也可在半自动模切机上手工续纸加工，手工排废、去纸边，最后包装出成品。而卷筒纸加工则根据标签的设计和应用的不同，加工方式可分为卷到单张加工（适合手工贴标）和卷到卷加工（适合自动贴标或打印）。总之，所有标签的印后加工包括打孔、横切、纵切、排废、复卷或折页、切张等工序。

基于全球印刷方式及工艺应用的数码化发展，中国数码标签印刷行业的发展正如浪潮般前进。而面对数码印刷如此迅猛的冲击势头，印后整饰必然是印刷行业的最大利益收获点，但是当前中国市场上的大部分企业还是以"数码印刷+传统印后"为主，即将数码印刷设备离线彩印产品复卷到传统柔印机组进行烫金、光油，以及分条模切工艺。

对数码输出后的标签进行UV上光、烫金之后为覆膜、模切及分条工艺。图4-37～图4-41分别为UV上光、冷烫、覆膜、模切及分条工艺。至此得到标签成品。

图4-36　标签数码印刷机

图4-37　UV上光

图4-38　冷烫

图4-39　覆膜

图 4-40　模切

图 4-41　分条

微信扫码
标签质量检测

微信扫码
标签切模

微信扫码
标签质检

（6）不干胶标签产品的质量检测

不干胶标签产品的质量检测分为人工检测和机器检测。人工检测是从色彩、耐摩擦性、耐酒精性、油墨附着力、温度适用性、残胶、粘附性能、条码等级测试、耐划刻性能等方面进行检查。除此之外，标签的粘贴性能也是不干胶标签产品的一个重要技术指标，所以除了标签本身外，粘贴性也是质量检测的一方面。而机器检测主要是借助于全自动品检机，设置扫描参数进行检测（见附录1）。

① 人工检测。在标签检测实验室完成，实验室常用的检测仪器如图4-42～图4-45所示，分别为拉力试验机、酒精摩擦试验机、条码检测仪、初粘性试验机。

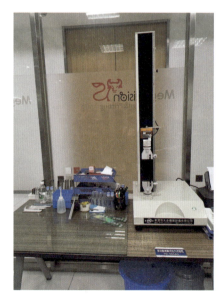

图 4-42　拉力试验机

图 4-43　酒精摩擦试验机

项目四 包装数字印刷工艺及操作

图4-44 条码检测仪

图4-45 初粘性试验机

标签抽检记录报告表和条码检测记录报告表如图4-46、图4-47所示。

② 机器检测。在全自动品检机上面进行检测，在品检机上对照标准图像对标签样品进行实时检测（图4-48）。检测内容包括：好品数、废品数、产品位置、缺陷（背景、文字、模切等）。对于检测出来的不合格品，一般采取手动撕除后，再进行增补的方法，以确保整卷标签完整。

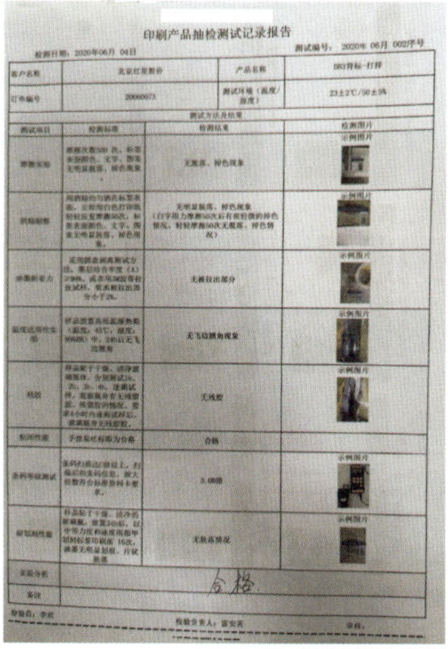

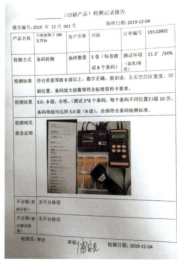

图4-46 抽样检测
记录报告

图4-47 条码检测
记录报告

图4-48 全自动
品检机

任务知识

一、可变数据印刷

随着数字化技术的日新月异，数字印刷技术在绿色包装印刷、商业印刷、直邮印刷等领域发挥着重要作用，其中可变数据印刷又是数字印刷中的重要组成部分，它的发展推动着信息传输网络化的发展，迎合着市场的需求。

1. 可变数据印刷

又称为可变信息印刷、个性化印刷、定制印刷或数据库出版，是按需印刷的一种。

可变数据印刷基于各类数字印刷成像原理实现"数据可变"的功能。在可变数据印刷过程中，页面上特定可变的图像或文字是由排版软件将其放入相应的文件中，最后由数字印刷机控制软件来识别，并将静态信息与动态信息结合共同完成的。可变信息的数量与大小会受到内存与印刷机本身的影响，较大的彩色图像会增加光栅处理的时间。

可变数据印刷一般采用两种作业方式。第一种就是先在传统印刷机上印刷好固定不变的内容，为可变信息留下空白的位置，再通过数字印刷机将变化的信息印在对应的预留的位置上，从而实现动态信息与静态信息的结合。

第二种是通过可变数据印刷软件把固定信息与可变信息结合成可变数据文件再发送到数字印刷机上输出。通过RIP（Routing Information Protocol，一种内部网关协议）对接收到的可变信息页面上的静态信息和动态信息进行解释，控制数字印刷机完成页面的完整输出。

2. 可变数据印刷页面内容

可变数据印刷页面内容由静态信息和动态信息组成。静态信息是可变数据印刷中固定不变的元素。包含静态信息的文档在可变数据印刷中被称为主模板文件，用以分析印刷产品。可变信息是可变数据印刷的核心，是印刷产品个性的体现，可变信息包括文字、图像、图形。可变信息一般存储在数据库中，如Excel软件数据库，再通过数据合并将数据库的可变信息与可变数据页面建立联系。或者可变数据存储在数据库中，印刷机不断更新可变信息，进行新的成像输出。可变数据也可以在数据库技术支持下，利用可变数据印刷软件或可变数据印刷语言编写产生，以文件的形式传送到数字印刷机。

3. 可变数据印刷页面制作

目前常用的可变数据制作软件有CorelDRAW和Adobe InDesign。通过这两款排版软件的不同功能可实现可变信息的制作，以及可变信息与静态模版的合并，从而实现可变数据印刷页面的制作。

（1）使用CorelDRAW制作

以制作名片（90mm×55mm）为例，通过CorelDRAW软件中的数据合并功能可以直接完成可变数据印刷。首先在CorelDRAW软件里设计好固定内容的版面（图4-49），再利用CorelDRAW软件导入数据源文件，数据源文件是保存为unicode形式的文本文件（图4-50）或者是保存为CSV格式的表格文件。然后，从数据库导入可变数据信息，插入对应的空白部分，完成数据合并（图4-51）。最后创建合并文档（图4-52），设计合适的拼版，制作角线、套准线、裁切线、色标等，最终得到预览成果及数字印刷效果图（图4-53）。

图4-49　固定版面　　　　　　　　　　　　图4-50　数据源文件

图4-51　数据合并图　　　　　　　　　　　图4-52　创建合并文档

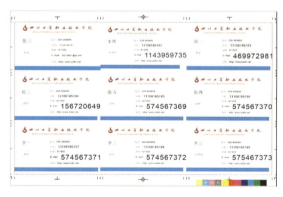 

图4-53　预览效果及印刷效果

① 制作角线：角线可以自己绘制，也可以通过软件自动加入。以手动绘制为例，绘制宽度为0.15mm，长度为3mm，颜色使用套版色。将对齐设置为"对齐所选对象"，将短线与名片进行水平左对齐和垂直顶对齐。单击短线，进行水平和垂直移动，水平移动距离为–3mm、垂直移动距离为–3mm，点击复制。再选中原来的短线，旋转90°，并与群组名片进行水平左对齐和垂直顶对齐。然后再对其进行水平和垂直移动，分别移3mm、–3mm（图4-54）。

选择所绘制角线,放置在名片的左上角,当角线上的交叉点与名片左上角的点出现交叉、对齐时即可。

② 裁切线绘制:在角线基础上,水平和垂直各移动6mm(图4-55)。

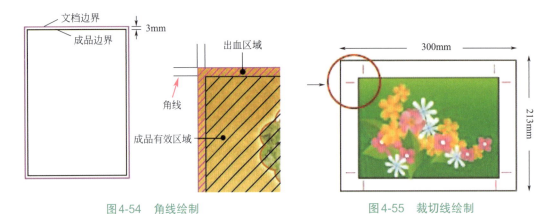

图4-54　角线绘制　　　　　　　　图4-55　裁切线绘制

③ 套准十字线绘制:套准十字线有两种(图4-56),可根据使用具体情况选择,最好选择第一种圆形的,可观察或测量周向套准。第一种规格:十字线长度6mm,线条粗细0.15mm,颜色为套版色。第二种规格:横线长6mm,竖线长6mm,线条粗细0.15mm,颜色为套版色。套准十字线需摆放在页面的上下左右中间。

④ 色标绘制:绘制四个正方形色标,大小为5mm×5mm,颜色值分别为K(0、0、0、100)、C(100、0、0、0)、M(0、100、0、0)、Y(0、0、100、0)(图4-57)。色标可放置在页面四边空白位,但是不能放在图像内部。

图4-56　套准线　　　　　　　　图4-57　色标绘制

(2) 使用InDesign制作

以制作录取通知书(220mm×280mm)为例,通过InDesign软件中的数据合并功能可以直接完成可变数据印刷。同样先在InDesign软件里设计好固定内容的版面,图4-58(a)为封面,图4-58(b)为内页。通过执行"窗口"-"实用程序"-"数据合并"操作导入数据源文件,数据源文件依旧保存为unicode形式的文本文件或CSV格式的表格文件(图4-59)。然后,从数据库导入可变数据信息插入对应的空白部分,完成数据合并(图4-60)。与CorelDRAW软件不同的是,使用InDesign软件可以添加可变的图像信息,且数据源中的图片列前需借助于"@"符号,否则无法识别。最后创建合并文档,设计合适的排版得到预览成果(图4-61)。将软件制作完成的可变数据页面存储为PDF格式文件,由数码印刷机印刷后的效果如图4-62所示。

项目四　包装数字印刷工艺及操作

(a)　　　　　　　　　　　　　　　(b)

图 4-58　录取通知书固定版面

图 4-59　数据源文件

图 4-60　数据合并预览　　　　图 4-61　录取通知书预览效果

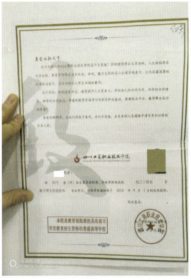

图 4-62　录取通知书数码样张

（3）标签打码

条形码（barcode）是将宽度不等的多个黑条和空白，按照一定的编码规则排列，用以表达一组信息的图形标识符。常见的条形码是由反射率相差很大的黑条（简称条）和白条（简称空）排成的平行线图案。条形码可以标出物品的生产国、制造厂家、商品名称、生产日期、图书分类号、邮件起止地点、类别、日期等许多信息，因而在商品流通、图书管理、邮政管理、银行系统等许多领域得到了广泛应用，图 4-63 所示为带条码的标签。

图 4-63　带条码的标签

每个标签都具有各自的标签编号，在喷码之前，需要先从客户那里获取条码的数据源信息，一般为文本文档形式。将数据源信息导入条码制作软件中，先在软件中设定号条码的初始位置，后续经过多次调整，确定位置正确后，正式开始喷码。

标签印刷公司通过BarTender软件完成对可变数据标签条码的印刷控制。图4-64为该软件的操作界面。打码注意事项：在调取二维码文件时，须仔细审核文件名、彩稿产品文件名、工单产品名称；调机后，必须先扫码确认扫码信息是否是成品，正确后再打印成品。不干胶标签条码打码机如图4-65所示。

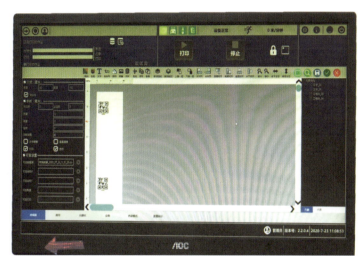 

图 4-64　BarTender软件操作界面　　　　　　图 4-65　打码机

二、标签数码印刷机保养及排障

这里以爱普生SurePress数码标签机为例，主要讲解保养规范、检查规范，以及常见故障及解决方法、工作规范、省墨技巧等。

1. 保养规范

① 开机时，按照系统提示，先放出维护箱中的废墨，然后切换模式。
② 清理纸路残胶与防卷曲压条，切换模式。
③ 清理刮片，导墨盖，冲洗部件，打印平台。
④ 用无尘布清洗打印品台与冲洗部件，结束流程。

2. 检查规范

所需检查内容如图4-66所示，需要针对每个检查点，进行定时检查。并注意在操作数码标签机之前完成工作规范的阅读，数码标签机工作规范如图4-67所示。

3. 常见故障及解决

① 喷嘴堵头斜喷。一般对于不严重的，手动进行一次喷嘴维护即可。
② 印刷质量不好。需排查造成印刷质量问题的根本原因，譬如，堆墨一般多为平台温度不够造成的，也有可能因为机房湿度过高造成，需要验证排查解决。

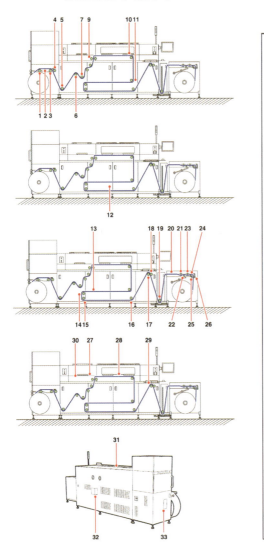

图4-66　SurePress数码标签机检查点示意图　　图4-67　SurePress数码标签机工作规范

1—无动力滚轴A；2—工作台A；3—驱动滚轴A；4—压纸轴A；5—张力摆动轴A；6—纠偏滚轴A；
7—无动力滚轴B；9—压纸轴B；10—无动力滚轴C；11—无动力滚轴D；12—加热器基材导轨；
13—加热器排气口；14—无动力滚轴E；15—无动力滚轴F；16—无动力滚轴G；17—驱动滚轴C；
18—压纸轴C；19—张力摆动轴C/基材导轨；20—工作台B/基材导轨；21—无动力滚轴A/
基材导轨；22—无动力滚轴H/基材导轨；23—固定轴B/基材导轨；24—无动力滚轴I；
25—驱动滚轴D；26—压纸辊D；27—冲洗部件；28—防卷曲压条/打印平台；
29—防护头；30—刮片/清洗导墨盖；31—吊扇进气过滤器；
32—加热器进气过滤器；33—维护箱

③ 印刷过程中，因基材质量问题，造成检测不通过。强制重启，需要注意在换每卷材料的时候，检查基材的印面是否多杂质，基材边缘是否有过撞击。

4. 省墨技巧

① 工单安排：a.订单集中，连续生产；b.提升印量，降低损耗。

② 印刷操作：a.材料集中，减少切换；b.打样集中，连续输出；c.合理排版，提高效率；d.谨慎操作，避免中断；e.印刷模式，合理选择。

③ 日常维护：a.先做检查，再做清洗；b.保养仔细，省时省力。

三、数码烫金

数码烫金工艺是在静电复印、冷烫金、热烫金工艺综合的基础上发展起来的，融合了数码印刷、冷烫、热烫工艺的优点，完全抛弃传统烫金的制版工序，充分迎合了社会上越来越多的小批量精美烫金印刷品的需求。

数码烫金工艺流程包括：显影→定影→热熔→覆膜→压合→剥离→排废。其工艺主要是利用静电转印和热转印的原理，直接选用墨粉或用主要成分为热熔胶的特制墨粉代替常用墨粉，灌入墨盒中；在硒鼓表面由充电极充电，使其获得一定电位，之后经载有图文影像信息的激光束的曝光，便在硒鼓的表面形成静电潜像，经过显影器显影，潜像即转变成可见的墨粉像，在经过转印区时，在转印电极的电场作用下，墨粉便转印到普通纸上（静电复印技术）；通过上述过程转移到纸张上的色粉图像，并未与复印纸融合为一体，这时的色粉图像极易被擦掉，因此须将纸张经过预热板及高温热辊，此时墨粉遇高温熔化，经流平作用形成胶层，牢固附着在基片表面（冷烫工艺的原理）；将纸张再次经过预热板及高温热辊，在图文表面压覆薄膜，经过辊筒压合、剥离、排废（热烫工艺的原理）完成烫金工艺。

数码烫金工艺所使用的电化铝同冷烫金工艺使用的电化铝一样，其背面不涂胶，但对宽幅有不同的要求。原因在于，冷烫工艺电化铝的宽幅往往要跟滚筒的覆膜相匹配，而数码烫金则可以根据烫金的范围选择电化铝的宽幅。简单地说，对整张A4纸的表面烫金，需要与A4宽幅相同的烫金纸，如果仅对A4纸面上的标题烫金，那么需要的烫金纸的大小只要略大于标题的宽幅即可，这也是数码烫金工艺节约成本的一个表现。如图4-68所示为库尔兹数码烫金效果。

图4-68　库尔兹数码烫金

数码烫金技术的优点：

① 周期短。数码烫金无需传统的刻蚀版、PS版、CTP版，自动化程度高。

② 环保性好。传统烫金中热烫往往需要制铜、锌版，冷烫也需要制PS、CTP版，这些制版工艺均需要消耗大量的酸、碱，并产生大量的废水，对周围环境造成了严重污染，而无版数码烫金技术省去了制版工艺，因此工艺更节能、环保。

③ 快捷方便。由于数码烫金中的印版或感光鼓可以实时生成影像，档案即使在印前修改，也不会引起或造成损失，感光鼓使使用者可以一边印刷，一边改变每一页的图像或文字。

④ 质量高。特制墨粉流平性好，烫金后表面平整，效果好，真正使数码烫金工艺具有实用价值。

问题思考

1. 不干胶标签的印前制作步骤是什么？
2. 什么是印前制作过程中的压条工艺？
3. 不干胶标签在数码印刷过程中常见故障有哪些？
4. 可变数据印刷可在哪些产品的生产领域运用？

能力训练

使用可变数据制作软件（PrintShop Mail）制作准考证书（图4-69），并进行数码印刷输出。

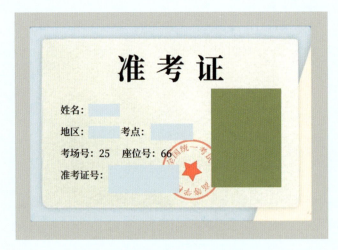

图4-69　参考样图（四、六级准考证）

项目五
特色印刷

项目教学目标

综合运用所学数码印刷相关知识,结合创新创意理念,完成个性化产品的设计、数码输出及制作。注重培养自身对专业发展方向的敏感度与前瞻性。

■ 素质目标

培养学生融入信息化社会的能力及推动产业革命的能力;
持续提升学生的创新精神和文化传承意识;
着力提升学生良好的职业习惯与职业道德,以及对企业忠诚负责的态度。

■ 知识目标

初步了解数码印刷发展趋势;
掌握数字印刷在个性化定制产品中的有效运用;
了解按需印刷的相关知识。

■ 技能目标

能够利用相关软件完成个性化产品的设计及制作;
能够完成个性化定制云服务产品的生产订单的处理。

数字印刷技术

任务一 个性化定制印刷

个性化印刷主要应用于商业领域和人们日常生活工作中,其市场主要存在于三大领域,即电子商务市场、产品个性化服务以及针对商社的服务。随着电子商务的兴起,各种手册、商业广告、会议资料等个性化的需求将会大幅增长。同时,一些厂商为建立商品与客户之间的联系,需要为某些商品做个性化的宣传册,为客户提供一对一的服务,这也为个性化印刷提供了广阔的市场前景。迄今为止,伴随着数码印刷的高增长,国外的个性化印刷的应用范围已极为广泛。少则只印一份,多则几十、几百份,产品有年度报告、产品促销宣传单、直邮广告单、CI设计手册、胸牌、贺卡、请柬、菜单、桌卡、交通卡、通行证、防盗车牌等种类繁多,就连一些商品的包装也纷纷贴上个性化的标签。经过几年的发展,个性化打印在中国已经占有一定的市场份额。

任务实施 婚礼请柬及伴手礼的设计制作

1.任务解读

熟悉个性化定制数字印刷的流程,综合运用所学知识完成婚礼请柬及伴手礼的设计与制作,巩固学生数码印刷机的操作技能,注重学生创新创意能力的培养。培养学生的团队协作能力与沟通能力,以及细心、耐心工作的习惯。在学习中找到自己的学习兴趣,获取任务完成后的成就感,培养自信心和职业素养。图5-1~图5-3分别为三种不同风格、个性化较强的请柬的整体效果图,请柬中包含邀请函、副卡、婚礼流程图三个内容,可以将不同请柬送给不同的被邀请对象。其中伴手礼的设计也别具心裁,图5-4~图5-6分别为中式礼盒、插画风礼盒、森系礼盒。

图5-1 中式风格请柬

项目五　特色印刷

图 5-2　简约插画风格请柬

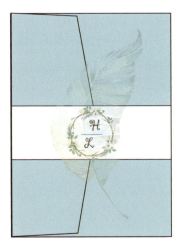

图 5-3　森系风格请柬

图 5-4　中式伴手礼礼盒　　　　　　　　　图 5-5　插画风伴手礼礼盒

图5-6　森系伴手礼礼盒

2. 设备、材料及工具准备

柯尼卡美能达6501数码印刷机，A3白卡纸、彩纸若干，婚礼请柬上的客户资料。

3. 课堂组织

婚礼请柬的个性化设计及数码印刷制作。学生分成若干组，每组3人，每组自选出小组长1名。各组分别承担与客户沟通（询价、讨论盒型结构等），数码印刷施工单开制、个性设计要求、价格核定等任务。教师作为数码快印部主管，协同学生对印刷产品质量进行评价。由小组长带领各组完成印刷任务。

根据施工单中的印刷业务量，平均分配给各组，组长协同安排组员进行婚礼请柬等资料的输出任务。从个性化设计到数码印刷输出的全过程都由学生完成，教师作指导。

由于此次婚礼请柬资料属于私人个性化定制印品，输出数量较少，客户签样一般在正式印刷之前确定，因此，在此过程中要及时与客户进行沟通。

通过真实的个性化设计、数码输出、个性化制作等内容，可以培养学生的职业素养、职业道德，同时培养学生的团队协作以及沟通能力。

任务知识　艺术品个性化包装设计

生活在这个时代的消费者，无时无刻不在追求独特的消费体验，即使在浏览商业街的时候也不会放弃这份内心的涌动。消费者期望商品将变得更加有趣，而不仅仅是一件通用的东西。同质化的时代即将逝去，会说话的产品才能更吸引消费者去尝试，而不是一推摆在货架上没有互动的杂货。正是由于消费者这种行为和偏好的转变，使得数字印刷在包装行业比以往更占优势。品牌商也正在寻找更加具体有效的产品包装方案来提供能够与消费者直接交流的新包装个体，并采用数字印刷来满足个性化和定制化产品包装的内容呈现，以促进品牌与消费者之间有更多的联系与共鸣。数字印刷在个性化定制包装上的应用有以下几个特点。

① 数字印刷机基本可以满足印刷需求。目前，国内软包装领域所采用的数字印刷设备主要是HP indigo WS6800和HP indigo 20000数字印刷机。HP indigo 20000数字印刷机，相比三代机型HP indigo WS6800，其具有宽幅更大、速度更快的优势。宽达736mm的有效印刷幅面，

可以实现更多的图案设计，对应的成本也更低。目前市场上采用四色加白的印刷模式，基本能够实现绝大多数设计稿件的色彩还原，对于极少数超出色域范围的稿件，需要对色彩曲线单独调整或者添加两组专色，以达到设计者的预期色彩。

② 数字印刷对原稿有很强的还原性。在色彩方面，数字印刷色彩的饱和度相比传统凹版印刷要稍差一些，主要是由于油墨本身的色彩浓度差异造成的。虽然数字印刷色彩饱和度与传统凹版印刷相比不够艳丽，但是其对于稿件的整体还原性却很强。传统凹版印刷因为外在影响因素较多，比如版辊磨损、油墨黏度控制、不同厂家油墨色彩不一致、新旧墨的混合使用、环境温湿度变化，等等，都容易导致色彩差异，甚至同批产品因油墨多次加入也会造成色彩不一致，而数字印刷不管是同批产品，还是不同批次产品，色彩差异都很小（要使多批次印刷色彩稳定性好，前提是做好设备正常维护，保持设备稳定性，以及做好色彩管理）。传统凹版印刷，专色与叠色或专色与专色之间套印需要做套印扩缩，但数字印刷可以实现零套印，对原稿件整体色彩呈现有很高的还原性。

③ 小批量产品优势明显。在成本方面，数字印刷最大的优势是无需制版，而传统凹版印刷在制版方面需要消耗大量的时间和成本。采用数字印刷，只需要将稿件设定为设备能识别的格式，调整好所需尺寸和排版后，即可直接输入机器进行印刷。当天提供稿件，当天可出印刷品，无需制版且能节省费用。当然，目前数字印刷的印刷加工费用还是比较高的，这也是其普及率低的重要原因之一。

④ 印刷数据可变。实现可变数据数字印刷的可变印刷技术包含两种：一种是可变数据，另一种是可变图案。传统印刷可借助在线或离线辅助平台实现可变数据印刷，比如在印刷机或者检品机、分切机、复合机上安装UV喷码设备，连线数据库进行可变数据印刷。而数字印刷机只需在输入稿件时，在指定的位置上加入可变数据，便可与图案一同印刷，完全不需要借助其他平台或设备，数字印刷在实现数据可变的同时，数据的外观颜色也可以发生变化，可实现复杂的彩虹色印刷、无重复色印刷，等等。可变图案，是指在客户提供的原图资源基础上，打印图案。这样可以让打印的每一份图案都不相同，同一个资源图可根据不同的设置衍生出N个不同的图案，这是传统凹版印刷所不能达到的。这项通过数字印刷实现的技术被称之为"马赛克印刷技术"。

⑤ 数字印刷环保优势明显。目前，国家对于VOC排放政策推进日趋规范，传统凹版印刷所采用的油墨稀释剂均为有机溶剂，属于政策严控物质，且目前市场上并未大面积推广和有效使用水性油墨或其他无排放污染的油墨，这会对大部分企业后续的发展造成一定的障碍。如果不能解决排放污染问题，传统凹版印刷企业甚至会面临存亡危机。而数字印刷机所使用的油墨完全达到非接触食品级要求，符合欧盟、美国和国内对于食品包装的要求，且在生产过程中实现零排放。

艺术品最大的特点是唯一性和个性化，这也是艺术品和普通商品的最大区别。中国古典书画是艺术品一个重要分支，书画原作藏于各大博物馆，很少用来公开展览，而其高精度复制品作为商品同样具有一定的艺术价值和收藏价值，故包装设计尤为而重要。

下面通过4个实际案例展示艺术品个性化包装设计。

1.《韩熙载夜宴图》包装设计

《韩熙载夜宴图》是十大传世名画之一。图5-7中，使用了牛皮纸作为礼盒面纸，用牛皮纸做包装可以凸显古朴庄重的效果；盒身使用的是250g/m² 深色牛皮纸，盒盖使用的是

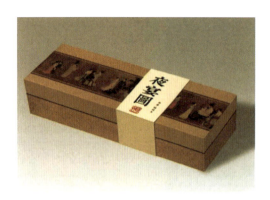

图5-7 《韩熙载夜宴图》包装设计

图5-8 《富春山居图》包装设计

$150g/m^2$浅色牛皮纸，使用浅色牛皮纸更有利于色彩的再现；用大幅面喷墨打印机打印设计图案，然后裱糊在5mm厚的密度板上做成礼盒，也可以使用双层工业板纸对裱。普通牛皮纸因为表面没有防洇晕图层，墨水渗透到纸张内部会降低颜色饱和度，所以尽量避免设计过于鲜艳的画面。牛皮纸最大的缺点是呈色能力差，并且喷墨打印很难实现白色铺底。

设计中还使用了腰封，腰封除了可以防止礼盒意外打开之外，还具有很强的装饰作用。这款腰封使用激光打印制作，材质是$250g/m^2$白卡纸，对于生产型激光打印机而言，$300g/m^2$以下的卡纸过机还是很顺利的。在白卡纸上，激光打印的成像效果要高于喷墨打印，因为色粉经过加热固化在白卡纸表面以后不会像墨水一样渗入纸张内部。在打印白卡纸时，如果没有彩色激光打印机，可以把喷墨PP背胶纸对裱在白卡纸上进行喷墨打印，效果同样不错。

2.《富春山居图》包装设计

在图5-8所示的包装设计中，使用丝绸包裹海绵的方式制作礼盒正面，典雅别致，类似于传统的锦盒。礼盒侧面使用$180g/m^2$相纸喷墨打印后覆亚光膜，裱在5mm厚的密度板或者双层工业板纸上，并且在盒面上粘贴了一张标签。对相纸覆膜时使用热覆膜，热覆膜是使用预涂有固化胶层的膜，胶层加热熔化后迅速冷却固化，黏合强度高，裱糊时也易于操作。

案例中，标签使用的是涂层宣纸喷墨打印。涂层宣纸不同于普通习字绘画用宣纸，表面有一层防止墨水扩散的涂层，成像效果很好，是目前用于字画复制的主要材料，并且其表面具有宣纸特有的水帘纹，制作成标签非常适合表现书画元素。

如果使用普通不干胶制作标签，应避免使用激光打印。激光打印机在进行加热定影时会使胶层外溢，纸张粘连在机器内部配件上轻则引起卡纸，重则损坏机器。

3.《鹊华秋色图》包装设计

如图5-9所示，与案例2相似，都使用了标签，不同之处是盒面在丝绸上热转印，侧面用的是金卡纸UV彩色打印。此处的热转印是指使用喷墨打印机用热升华转印油墨把图案打印在专用转印基纸上，再使用加热设备把转印纸上的图案转印到丝织品上的技术。在使用普通带有花纹的丝绸或者锦缎制作盒面时，有时候材料太厚，影响到制作精度，而薄的丝绸或者锦缎则纹路太单一，这时候使用热转印技术就能解决这个问题。热转印不仅可以在较薄的材料上印理想的花

图5-9 《鹊华秋色图》包装设计

纹图案，还可以设计其他和古典书画更能匹配的内容。

4.《书画双绝》包装设计

图5-10所示的案例4是为《兰亭序》和《清明上河图》设计的一款包装，两幅作品代表了中国书法和绘画巅峰之作，故命名"双绝"。包装设计采用的是全数字烫印方式。礼盒面纸使用180g/m² 相纸打印底色，覆亚光膜后烫印银和蓝两种颜色，再裱糊3mm密度板。手提袋使用260g/m² 相纸，覆亚光膜后烫印金色。

图5-10 《书画双绝》包装设计

数字烫印不同于常规烫印工艺，不需要制作烫金版，但是使用与传统烫印同样的电化铝，机器内部有数字加热烫印模块，就相当于一台打印机，和电脑连线后可以在很多材质上实现烫印效果。数字烫印和数字印刷具有相同的属性，无版印刷、数字化操作、批量复制等。数字烫印因为成本低、效率高，非常适合个性化定制的包装设计，尤其是针对艺术品包装，类似于数字快印的"一张起印"。

问题思考

1. 请列举日常生活中见到的个性化产品，以小组形式对其制作工艺进行讨论，并形成书面报告。
2. 个性化数字印刷包装产品的环保性体现在哪里？

能力训练

设计一款属于自己的个性化简历，并将其进行输出制作。

任务二　按需印刷

任务实施　印通天下在线设计印刷

微信扫码
按需印刷

1.任务解读

熟悉"印通天下"云平台在线设计印刷服务流程（图5-11）。通过真实的生产下单流程，加强学生对网络按需印刷知识的深刻了解，注重自我探索、自我学习能力的培养，并培养学生的团队协作能力与沟通能力，以及细心、耐心工作的习惯，使学生在学习中找到自己的学习兴趣，获取任务完成后的成就感，培养自信心和职业素养。

图5-11 "印通天下"云平台

2. 上课准备

笔记本、电脑、记录笔、绘图工具。

3. 课堂组织

通过"印通天下"云平台完成客户名片的在线定制。学生分成若干组，每组3人，每组自选出小组长1名。各组分别承担与客户沟通（客户信息、价格、在线设计等）。教师作为订单审核管理员，协同学生对客户定制内容及最终定价的合理性进行评估。由小组长带领各组完成下单任务。

由于此次在线设计产品的项目属于个性化定制印品，输出数量较少，客户无法提前看到印样，只能在与平台客服沟通过程中，合理化地完成订单。因此，在此过程中的沟通显得尤为重要。

通过从"印通天下"云平台生产工单追踪到完成定制服务的体验，学生能够真实地体会到网络按需印刷的高效性、便捷性，同时还可以培养自身的职业素养、职业道德，以及团队协作以及沟通能力。

4. 印通天下的操作流程

客户首先要注册一个印通天下商城的账号，选择自己想要做的产品，再选择自助设计，自助设计模块如图5-12所示。将文件运用到模板中，其中会涉及图片大小、图片精度、图片、图片版权等问题。确认购买时要将封面、纸张、工艺等详细说明。付款后可追踪物流信息。

印通天下生产管理系统工作人员（由学生模拟平台员工）首先进行公司内部账号的登录，进行订单管理、检档管理、配版管理、订单生产等操作。

① 订单管理：订单查询→客户订单统计→纸张分类统计→生产印数统计→合版清单统

计→纸张统计→后加工统计；

② 检档管理：待检档订单→检档→检档异常或超时需重新检档；

③ 订单生产：后加工看板→选择条件→后工艺查询。

印通天下中控系统可查询订单状态、订单类型、设置算价公式，若检档有错误的订单也在这里查询。

印通天下网络印刷内部版是企业内部下单系统，可选择下单文件、产品类型、下单数量、纸张、工艺等，选择后提交完成下单。

图 5-12　自助设计

任务知识　按需印刷的概念及其影响

1.按需印刷的概念

按需印刷是伴随着数字化信息处理、远距离数据传输以及高密度存储技术的发展而产生的一种印刷方式。在传统的出版方式和印刷技术环境下，图书印刷前要先确定印数，然后再印刷、裁切、配页、装订，书是按批量印制的。数字印刷技术出现后，利用数字化印刷设备可以直接把数字化的图书内容印刷、装订成纸本图书，书是一本一本印的，印数可以随机确定，印刷速度可达每分钟数百页，几分钟就可以印制一本新书，而且可以把数字化的图书数据传输到网络覆盖的任何地方就地印刷。因此，按需印刷也称即时印刷。

按需印刷技术最初主要是用来印制印数少、即时需要的非正式出版物，如会议资料、培训教材、年度报告、宣传材料、标书、广告等。由于免去了价格昂贵、耗时的制版工序，从而大大降低了原来必须分摊在每本书上的制版成本，使图书的印刷成本基本上不受印数的影响，而且可以随时开印，即刻成书。这种新型的印刷方式，为破解预测印数、积压库存等长期困扰出版社的问题提供了有效的手段，很快受到出版商的重视，用于印刷正式出版物，出现了按需出版的新型出版模式。

2. 按需印刷对相关行业的影响

（1）按需印刷对印刷业的影响

① 促进印刷技术和印刷生产方式的创新和发展。作为一种新型的印刷技术，按需印刷的出现正在改变着印刷业的整个面貌。如果说激光照排技术的发明使印刷行业走出了铅与火的时代，数字化印刷技术则将使制版这一从印刷术发明以来一直不可缺少的中间环节省去，实现从数字化内容到印刷型图书的直接转换。在技术经济的层面，目前按需印刷的普及还有两个障碍：一是数字印刷设备对于高精度图像，尤其是彩色图像的印刷质量还不及制版印刷的效果；二是一体化的数字印刷装订设备的价格较高，导致投资大，在价格上与小型胶印设备相比并无优势，特别对国内来说，按需印刷设备要依赖进口，国内技术支持力量不足，更使按需印刷难以迅速发展。

② 印刷业业态结构将发生变化。在传统的印刷模式下，印刷厂是靠扩大规模、提高技术以减少成本，从而达到规模效益来获得利润。按需印刷技术出现后，在大印量的市场上，传统的印刷厂仍然有发展的空间，继续扩大规模以取得效益。而与此同时，小型的应用数字印刷技术的印刷厂将迅速发展。在这样两个不同方向的发展模式下，印刷业的发展格局会发生变化。传统的大印刷厂依旧依靠技术改进产生的规模效益来获得利润，这类印刷厂主要满足大批量出版物的印刷需要。而数字化印刷厂则依靠其快捷方便的优势，规模小而分布广，以定制印刷的服务来满足用户个性化、小批量的需求。

（2）按需印刷对出版业的影响

① 有利于提高出版行业的经济效益。首先，出版社将不再为图书库存担忧。有了按需印刷设备后，出版社可以通过网络媒体宣传即将出版的新书，或者只印少量样书，然后根据读者的需求按已经确定销量的印数随时印制，做到先销售再印刷，实现零库存。其次，出版效率会大大提高。由于免去了昂贵的制版环节，图书的价格不取决于印数，一本书也可以开印，降低了成本，满足读者即时的需要。最后，图书的生产和交易全过程都可以通过电子商务系统完成。一个完整的电子商务系统需要解决信息流、资金流和物流三个问题，多数行业的电子商务系统都不能解决物流问题，需要在电子系统之外建立物流渠道。但是数字化的图书内容信息却可以方便地从网上传递到用户身边的图书快印机上，免去图书储存、运输等一系列物流环节，能完满地解决其他行业不能解决的问题，建立全流程的电子商务系统，极大地提高出版行业的经济效益。

② 实现真正意义上的按需出版还有待时日。按需出版是指出版社利用按需印刷技术来组织出版正式出版物的出版方式。在按需出版的流程中，图书是在网上或者先印少量图书向读者推介，根据读者的需要再批量甚至单本印刷。按需印刷是实现按需出版的基础技术条件，但并不意味着有了按需印刷设备就可以实现按需出版。真正意义上的按需出版应该是按照两个方面的需要出版：一是按照作者的需要出版，只要作品的内容符合出版的要求，经过编辑审校程序后即可出版；二是按照读者的需要出版，对已经可以出版的图书根据读者的需要随时印刷出书。显然目前的按需出版还处于探索阶段。比如中图按需印刷公司自主开发出了"贴心"系统，即客户订单管理系统，基本可以实现在线下单等功能；同时开发了"善印"系统，即生产自动化管理系统。

总之，按需印刷以其拥有的高效、低成本、个性化、数字化、防伪性、真正的绿色化优势，必将成为未来出版领域的趋势。

问题思考

1. 按需印刷的优势和劣势分别是什么？
2. 为什么说数码印刷能够满足个性化产品的生产需求？

能力训练

通过查阅相关资料，掌握中图按需印刷公司的"贴心"和"善印"系统，并阐述它们是如何完成客户订单管理和生产自动化管理的。图5-13、图5-14所示分别为中图按需印刷的开发"贴心""善印"管理系统。

图5-13 "贴心"订单管理系统

图5-14 "善印"生产自动化管理系统

附录

微信扫码
附录一
不干胶标签质量
传统检验标准

微信扫码
附录二
不干胶标签质量
自动检验标准

微信扫码
附录三
精装书需求

微信扫码
附录四
数字印刷质量要求
及检验方法

实训

微信扫码
项目一

微信扫码
项目二

微信扫码
项目三

微信扫码
项目四

微信扫码
项目五

注：项目实训学习载体，可登录化学工业出版社教学资源官网，搜索本书书名获取。

参考文献

[1] 李晓丽，罗世永，伍琴，张文雨，张新林.喷墨数字印刷用水墨的性能和印刷质量的提高[J].北京印刷学院防伪材料与技术研究所，2017，45（2）：248-250.

[2] 刘子亭，孟华东.数字喷墨印刷用纸的印刷适性[J].山东济宁：山东太阳纸业股份有限公司，2018：41-42.

[3] 赵金花.数字印刷油墨与纸张性能的分析与选用研究[J].无线互联科技，2017，（7）：102-103.

[4] 孟唯娟，刘永.富彩色喷墨印刷技术的发展与应用[J].印刷质量与标准化，2017：31-33.

[5] 翟洪杰，罗文，刘三国.胶订书刊翻版印刷的联拼版方案[J].印刷质量与标准化，2016：29-30.

[6] 林都.喷墨卷筒纸数字印刷生产线的使用[J].数字印刷，2018：47-49.

[7] 李伟.喷墨印刷技术及其发展研究论述[J].印刷质量与标准化，2017：5-8.

[8] 张咏梅.骑马订工艺流程及操作要点[J].印刷技术，2018：65-65.

[9] 刘晓丽，邱丙中，罗文.骑马订书刊爬移量的计算[J].广东印刷，2018：42-43.

[10] 冉紫媛.浅析数字印刷环境下的按需出版模式[J].广东印刷，2018：23-25.

[11] 翟洪杰，刘三国，刘晓丽.谈胶订书刊内文的手工拼版[J].广东印刷，2017：28-28.

[12] 徐世垣.数字印刷的印后加工[J].今日印刷，2018：30-31.

[13] 姚海根.ISO19751标准的开发进程[J].印刷质量与标准化，2010：61-64.

[14] 南林，徐艳芳，姜桂平.奥西黑白数字印刷机线条印刷质量的分析[J].北京印刷学院，2011，12（2）：12-15.

[15] 崔晓萌，陈广学.彩色数字印刷线条质量的微观检测与分析[J].中国印刷与包装研究，2013，3（5）：42-48.

[16] 付江.出版社的数字印刷应用[J].数字出版，2016：75-77.

[17] 郑亮.基于ISO 13660的连续喷墨数字印刷质量分析[J].印刷杂志，2018：1-4.

[18] 金张英，郑亮，管雯珺.基于ISO13660的数字印刷线条质量分析与评价[J].包装工程，2012：97-103.

[19] 枫林.面向标签和包装的数字印刷机[J].广东印刷，2019：4.

[20] 刘海燕，墨瑞文.浅述数字印刷机色彩管理的重要性[J].数字出版，2018：33-35.

[21] 高峰.数字印刷机的调与校[J].印刷技术.数字印艺，2012：26-28.

[22] 高峰.数字印刷机输出品质故障的诊断方案[J].印刷技术.数字印艺，2013：42-44.

[23] 吴鹏.数字印刷品质量检测与评价方法[J].印刷技术.数字印艺，2015：33-35.

[24] 陈博.数字印刷图像质量密度检测方法分析[J].云南化工，2018，45（3）：89-90.

[25] 曲婷.数字印刷图像质量色度检测方法的研究[J].印刷质量与标准化，2016：20-21.

[26] 晓阳.大数据＋数字印刷——让包装插上腾飞的翅膀[J].数字印刷，2017：18-20.
[27] 个性化定制印刷正在逐渐变得成熟[J].福建轻纺，2015，3：14.
[28] 马静林.古典与现代的对话——记数字印刷在艺术品个性化包装设计中的应用[J].数字印刷，2018：46-49.
[29] 郭德水.数字印刷，让个性化定制包装成为可能[J].网印工业，2018：9-11.
[30] 王小威.数字印刷让个性化定制包装成为可能[J].广东印刷，2018：42-43.
[31] 陈永刚，孙伟.数字印刷在出版企业的应用与思考[J].科技与出版，2017：103-107.
[32] 潘晓东.影响短版图书使用数字印刷的原因分析[J].今日印刷，2018：19-22.
[33] 陈定娟.包装印刷中的数字印刷技术分析与研究[J].技术分析，2018：70-70.
[34] 孙文顺.标签的制作设计和组版流程[J].高等职业教育.天津职业大学学报，2015，24（6）：72-74.
[35] 卢健，周泉.不干胶标签粘贴性能检测方法[J].印刷杂志，2015：52-54.
[36] 宋婷婷，徐世许，张欢.二维码标签打印及产品真伪识别系统设计[J].制造业自动化，2018，38（12）：137-140.
[37] 何翠英.二维条码技术的应用和常见质量问题分析[J].信息通信，2014，8：280.
[38] 刘畅.防伪标签制作流程分析[J].理论研究，2013：48-52.
[39] 马静林.古典与现代的对话——记数字印刷在艺术品个性化包装设计中的应用[J].数字印刷，2018：46-49.
[40] 王庆国.视觉检查系统在可变信息标签印刷中的应用[J].印刷杂志，2017：62-63.
[41] 王昊源，曹范亮.数码标签烫金工艺应用与分析[J].今日印刷，2020：39-42.
[42] 陈庆蔚.数字印刷对废纸回用性的影响[J].中华纸业，2015，26（12）：70-73.
[43] 孟玫.数字印刷油墨的性能及选用[J].印刷杂志，2016：57-60.
[44] 庄金玉.按需出版：数字时代出版业的新趋势[J].中国包装，2019：58-61.
[45] 季坤.对高校学报按需印刷出版的思考[J].记者摇篮，2019：14-15.
[46] 王瑞晴.浅析数字出版环境下的按需印刷[J].新闻传播，2019：73-74.
[47] 郭建红.中图按需印刷的国际化与数字化[J].数字印刷，2017：53-55.
[48] 胡维友.数字印刷与计算机直接制版技术[M].第2版.北京：印刷工业出版社，2011.
[49] 刘全香.数字印刷技术及应用[M].北京：文化发展出版社，2011.
[50] 姚海根.数字印刷质量检测与评价[M].北京：印刷工业出版社，2012.
[51] 姚海根.数字印刷[M].北京：中国轻工业出版社，2010.
[52] 王澜.不干胶标签印刷技术手册[M].北京：印刷工业出版社，2005.